# 海底管道溢油风险评价

杨 勇 吕 妍 魏文普 编著

哈尔滨工程大学出版社

## 内容简介

本书是基于国内外关于海底管道溢油风险理论、规范、项目经验的研究,在借鉴国外成功经验的基础上,针对我国海底管道的实际运行状况和环境条件,建立了一套科学、系统、成熟并且适应我国海底管道现状的溢油风险评价方法。本书共分为7章,第1章到第4章主要是在介绍了基本概念、研究现状,在此基础上针对海底管道溢油风险评价体系及故障树分析法、多级模糊评价法等体系建立的基本方法论进行了研究,并建立了适应我国海底管道现状的溢油风险评价体系具体的可能性体系和后果体系;第5章针对输油、输气和混输海底管道的溢油量提出了多种破坏模式的估算模型;第6章对较为重要的腐蚀溢油概率定量评价进行了介绍;第7章对本书的研究内容进行了结论与展望。

本书可供从事海底管道风险评估及风险管理人员参考使用。

**图书在版编目(CIP)数据**

海底管道溢油风险评价/杨勇,吕妍,魏文普编著.
—哈尔滨:哈尔滨工程大学出版社,2016.6
　ISBN 978-7-5661-1269-9

　　Ⅰ.①海… Ⅱ.①杨… ②吕… ③魏… Ⅲ.①海上油
气田－水下管道－海上溢油－风险评价 Ⅳ.
①TE973.92②X55
中国版本图书馆CIP数据核字(2016)第109927号

**责任编辑**　张玮琪
**封面设计**　恒润设计

| | |
|---|---|
| 出版发行 | 哈尔滨工程大学出版社 |
| 社　　址 | 哈尔滨市南岗区东大直街124号 |
| 邮政编码 | 150001 |
| 发行电话 | 0451-82519328 |
| 传　　真 | 0451-82519699 |
| 经　　销 | 新华书店 |
| 印　　刷 | 哈尔滨市石桥印务有限公司 |
| 开　　本 | 787mm×1 092mm　1/16 |
| 印　　张 | 6.75 |
| 字　　数 | 163千字 |
| 版　　次 | 2016年6月第1版 |
| 印　　次 | 2016年6月第1次印刷 |
| 定　　价 | 23.00元 |

http://www.hrbeupress.com
E-mail:heupress@hrbeu.edu.cn

# 前　言

管道风险评价技术自20世纪70年代起发展至今，逐渐经历了从定性风险评价方法到定量风险评价方法的转变过程。管道风险评价技术在陆上管道的应用中已经取得了一定的成绩，然而在海上管道的应用中研究还相对较少。本书在借鉴国外管道风险评价成功经验的基础上，结合我国实际的海底管道运行状况和环境条件，研究出了一套海底管道溢油风险评价的方法：首先进行危害辨识，建立海底管道溢油事故的故障树分析模型；在此基础之上，结合多级模糊综合评价方法；最终建立了海底管道溢油风险评价体系。

(1) 海底管道溢油可能性指标体系将腐蚀、第三方破坏、自然力、疲劳、误操作作为第一级指标，并逐层建立了二级、三级指标体系。在溢油后果指标体系中，将介质危害和后果控制作为一级指标，向下建立了二级、三级指标体系。

(2) 运用层次分析法确定各指标的权重，采用专家意见法确定模糊关系矩阵。应用多级模糊综合评价法，最终关于可能性和后果均能得到一个0~100的得分。分数越高表明风险越大，并根据其在风险矩阵中的位置判断其风险是否可接受。

(3) 分别针对输油、输气和混输管道，对海底管道的溢油量算法进行了研究。为了使溢油后果指标体系中的溢油量指标同时体现五大风险源的影响，提出了综合溢油量的概念。

(4) 对管道定量风险进行了初探，研究了海底管道在腐蚀情况下，溢油概率的计算。内腐蚀深度采用了SwRI模型，认为内腐蚀长度是服从Weibull分布的随机变量，而外腐蚀深度和长度均被认为是服从Weibull分布的随机变量。分别用不同的爆破压力模型计算了溢油概率的大小。

由于作者学识有限，书中不足之处在所难免，恳请读者批评指正。

编　者

2015年12月

# 目　　录

# 第1章 绪 论

## 1.1 海底管道溢油风险评价体系的研究背景

石油行业是国民经济的支柱产业，目前，全世界石油和天然气消费量约占总能耗量的60%。世界油气资源中，海洋油气作为能源开发的新领域，蕴藏量占70%以上，占据地球油气储量的绝大部分。海底管道作为海上油气田开发中油气传输的主要方式，是海洋油气生产系统中的"生命线"。而中国是一个能源生产和消费大国，高速增长的中国经济，使得中国对能源的需求巨大，能源供需矛盾将进一步尖锐。因而大力开发我国海洋油气，有利于缓解能源短缺的状况。

我国300多万平方千米的管辖海域是环太平洋油气带主要分布区之一，在海岸带和浅海大陆架上蕴藏着丰富的油气资源。据科学家估算，我国的海底石油资源储量约占全国石油资源储量的10%~14%。然而我国海洋资源开发却存在诸多问题，使得我国海洋油气开发规模较小、竞争能力弱，海洋油气量仅占世界海洋油气产量的2%左右。我国天然气资源占世界总资源的2%，居世界第10位，但已探明开采储量仅约占世界的0.9%，居世界第20位，因而我国的海洋油气仍有大的建设发展空间。

自从1954年，Brown & Root公司在美国墨西哥湾铺设第一条海底管道以来，在近半个世纪里，世界各国铺设的海底管道总长度已达十几万千米，海底管道已成为海上油气田开发中油气传输的主要方式，最大作业水深可达3 000 m。我国海底管道起步较晚，装备与技术落后等因素使得我国一直落后于西方国家。1973年我国首次在山东黄岛采用浮游法铺设了3条500 m长度的从系泊装置至岸上的海底输油管道，又于1985年由渤海石油海上工程公司在煌北油田同样采用浮游法成功地铺设了1.6 km钻采平台之间的海底输油管道。至今，我国已在渤海、南海和东海海域相继铺设了多条海底管道。近年来，随着海上石油的开采不断升温，我国海底管道铺设的千米数不断攀升，已经从2006年的2 000多千米一跃发展到如今的6 000多千米。随着海洋石油业走向深海，对海底管道的需求将越来越大。

同陆上管道相比，海底管道所处环境大有不同。海底管道既可能受到波浪、海流、潮汐、腐蚀等环境作用，又可能面临船锚、平台或船舶掉落物、渔网等撞击拖挂危险，同时还有可能遭受巨大的自然力作用，如海底地震、海床移动等，很容易发生失效事故。而海底管道一旦发生失效，就有可能发生溢油事故，导致维修与更换困难，不仅影响正常生产运输，造成巨大经济损失，而且将污染海洋环境，引发生态灾难，造成的直接损失巨大、间接损失无法估量。

据美国MMS (Minerals Management Service) 对墨西哥湾1967—1987年间海底管道失效事故统计，在这20年间共发生海底管道失效事故690例，平均每年发生的失效事故多达35例。2005年，美国墨西哥湾共有102条油气管线在卡特里娜飓风打击下出现不同程度的损毁破裂。2006年，美国阿拉斯加海域油气管线破裂给当地环境造成了严重污染。我国海底管道起步较晚，事故数据尚且匮乏，然而仍然发生过数起严重的溢油事故。我国南海东部地区海域自1990年底投入使用至1997年，共发生了10次溢油事故，1996年由于拖网渔船拉断海底管道，溢油约1 000 t。我国海底管道泄漏事故统计如表1.1所示。

表1.1　1998—2012年间国内海底管道泄漏事故统计

| 事故时间 | 海域 | 事故概况 |
|---|---|---|
| 2000年 | 东海 | 波流冲刷导致平湖油气田岱山段管道疲劳断裂 |
| 2001年 | 渤海 | 勃西油田天然气管道因锚拖拉导致泄漏 |
| 2002年 | 南海 | 涠洲12-1至11-4A油田输油管道泄漏 |
| 2003年 | 渤海 | 悬空导致埕岛油田CB251C至CB251D海底注水管道泄漏 |
| 2004年 | 南海 | 番禺油田4-2和5-1海底管道腐蚀泄漏 |
| 2005年 | 渤海 | 不法分子打孔盗油导致埕岛油田海底管道泄漏 |
| 2007年 | 南海 | 涠洲12-1至11-4原油管道腐蚀泄漏 |
| 2007年 | 南海 | 船舶施工导致东方1-1油田海底天然气管道泄漏起火 |
| 2008年 | 渤海 | 船舶起锚导致勃西油田海底天然气管道泄漏 |
| 2008年 | 南海 | 台风导致惠州油田19-2和19-3海底管道损伤泄漏 |
| 2009年 | 渤海 | 埕岛油田CB25A至CB25B海底管道因冲刷悬空导致泄漏 |
| 2009年 | 渤海 | 埕岛油田中心二号至CB20A平台海底输油管道因外力拖拽导致破裂渗漏 |
| 2011年 | 辽东湾 | 锦州9-3油田海底混输管道因船舶起锚作业导致泄漏 |
| 2011年 | 珠海 | 挖沙作业导致横琴天然气处理终端海底天然气管道泄漏 |
| 2012年 | 东海 | 平湖油田海底输油管道遭受台风，在距离岱山登陆点约26 km处发生断裂 |

　　由于管道运行的诸多不利因素，检验体系是一种对管道进行监测、控制风险的有效手段。目前，陆地管道的检验体系已具雏形，然而海底管道却仍旧很难运用相同的手段，现状堪忧。一方面由于缺乏这方面的行业标准，另外也难以确定检验要求，使得外检只覆盖部分管道，而大部分管道则从未接受过内检。我国目前共拥有的海底管道，其中90%的从投产以来未进行任何清管、通球等基本的维护活动；20%根本无法接受内检。我国海底管道数量众多、种类繁多，并遍布各个海域，海洋环境、运行条件复杂多变，有部分海底管道投产年限已经临近乃至超过原设计寿命，已存在不同程度的损伤。海底石油管线在运行过程中出现的损伤和缺陷可分为两类：一类是干性的，该类损伤或缺陷发生在管道内部或外部，没有产生任何油气泄漏，如果管道的应力在许用应力之内，油气运输可以不中断，可等待日后管线的评估和维修；另一类是湿性的，管线中的油气产品会发生泄漏，在这种情况下，必须立即停止油气产品的输送，进行管线维修。在海底管道的运行过程中，管道的渗漏、穿孔甚至破裂都会导致管道溢油事故的发生。

　　溢油事故一旦发生，将给人类社会带来严重的经济损失，尤其会对环境产生恶劣的影响，对海洋生态系统，甚至陆地生态系统都将造成不可挽回的破坏，因而必须给予溢油风险极大的关注。因此，如何评价在役油气管道的溢油风险，以便在必要时采取相应的风险控制措施，使管道安全、可靠地运行，就成为一个亟需解决的问题。另一方面，在每起溢油事故中，伴随着污染损害赔偿金额的争议，往往首先是关于溢油量和污染范围的争议。溢油量直接决定了事故的等级和可能造成的污染损失。因此，一旦海底管线发生溢油事故，溢油量的确定将起到至关重要的作用。

# 1.2 国内外研究现状

## 1.2.1 管道风险评价国内外研究现状

1. 管道风险评价的概念

风险评价是一种基于数据资料、运行经验、直观认识的科学方法，通过将风险量化，使其便于分析、比较，为风险管理的科学决策提供可靠的依据，从而能够采取适当的措施，达到最为有效地减少风险的目的。管道风险评价通过计算某段管道或整条管道系统的风险值对各个管段(或各条管道)进行风险排序，识别高风险的管段或管道，确定那些最有可能导致管道事故的因素，为维护活动经济性的决策提供依据，最终使管道的运行管理更加科学化。

2. 国外管道风险评价的研究现状

风险评价技术最早始于20世纪70年代的美国核动力工业，到20世纪90年代逐渐形成。关于管道的风险研究，国外已经进行了超过30年的研究，取得了一些成绩。1985年美国 Batelle Columbus 研究院发表了《风险调查指南》，在管道风险分析方面运用了评分法；1992年，美国 W. Kent Muhlbauer 撰写了《管道风险管理手册》，系统地阐明了管道风险分析的相关重要概念，并重点介绍了风险指数法(Risk Indexing)。该书在1996年再版时又增加了约1/3篇幅，目前被世界各国普遍接受并且作为开发风险评价软件的依据。

加拿大在管道风险评价和管理方面的研究开始得也较早，从20世纪90年代初就开始了相关研究工作。在1993年召开了管道寿命专题研讨会，会上就"开发管道风险评估准则""开发管道数据库""建立可接受的风险水平""开发评价工具包"和"开展风险评估教育"等课题展开了讨论，达成共识。并在1994年召开的管道完整性专题研讨会上，成立了以加拿大能源管理协会、国家能源委员会等7个团体组成的管道风险评估指导委员会，并明确该委员会的工作目标是促进风险评估和风险管理技术在加拿大管道运输工业中更好地应用，负责本国管道风险管理技术开发的实施方案。该国的NeoCorr工程有限公司自1994年起开展油气管道的腐蚀和风险咨询业务，成功地开发了CM腐蚀管理软件，为全球十几家油气公司做出了详细的风险评估，效果良好。另外，加拿大CFER公司在基于管线完整性管理优化工程项目中，研制开发出管线维护和检测的风险分析软件包(PIR-AMID)，用于分析管线的失效概率、失效后果和总风险计算。

英国健康与安全委员会在管道风险管理项目研究中，研制出MISHAP软件包，用于计算管道的失效风险，并取得了实际应用。输气管道量化的风险评价技术起源于英国Advantica公司的工作。Advantica通过大量的资料统计分析和灾害模拟试验，对天然气管道的危害因素进行概括分析，对事故后果进行了量化描述。

管道风险管理技术在维护管道运行安全方面已经有了很多的应用实例。美国Amoco

管道公司从1987年开始采用专家评分法风险评价技术管理所属的油气管道和储罐，到1994年为止，已使年泄漏量由原来的工业平均数的2.5倍降到1.5倍，同时使公司每次发生泄漏的支出降低50%。美国NGPJ公司于1991年成立专门机构研究风险评价技术。实际应用证明，该风险评价系统在识别需要进行修理工作的场合特别有效。

3.国内管道风险评价的研究现状

我国有关油气管道风险评价研究较西方国家而言起步较晚。1995年，管道风险评价技术首次被潘家华教授在《油气储运》上介绍后，自此才逐渐引起有关研究人员注意，并开始得到部分油田企业的重视。同年，四川石油管理局编译出版了《管道风险管理》一书，此书的出版也就是将 W. Kent Muhlbauer 的方法完全引入了国内。然而，由于我国油气管道现状和条件与国外有较大差异，风险评价模型中的风险因子与评价指标与各国的技术标准息息相关，仍然不能完全照搬国外油气管道风险管理的成果。因此，我国的管道风险评价技术应结合我国油气管道的实际情况，借鉴国外的相关经验，开发出一套适用于我国油气管道的风险评价体系和相关软件。

2003年，陈利琼等提出了将模糊综合评价技术的方法应用到油气管道风险评价中去。2004年，西南石油大学陈利琼在博士论文《在役油气长输管道定量风险技术研究》中对油气管道安全、管道失效形式、风险评价、风险分析、风险管理、风险评估、风险控制及风险决策等基本概念进行了定义，并建立了管道风险分析模型和定量风险评价体系模型与流程。2007年，西南石油大学谢云杰在硕士论文《海底油气管道系统风险评价技术研究》中对我国海底油气管道系统进行了风险识别，建立了海底油气管道系统失效故障树，并在故障树和风险辨识的基础上，运用模糊数学的方法建立了风险评价模型。

目前看来，油气管道风险分析的主要对象是陆上管道，而海底管道、立管及平台的风险分析则刚起步。我国国内，在管道的风险分析方面的研究也是近几年才开始，在海底管道与立管风险分析及完整性管理实际工程应用方面的相关研究则更少。

4.管道风险评价的方法

目前，管道风险评价技术已发展了三四十种评价方法，总的来说，根据评价结果的量化程度可分为三大类：定性风险评价、半定量风险评价和定量风险评价。

（1）定性风险评价方法

定性风险评价(Qualitative Risk Analysis)是指对系统的危害因素全部按照事件"不发生"或"发生"的分析程序来定性评价系统危险。定性风险评价的主要作用是对管道系统各部分进行快速的风险排序，以辨识管道系统最危险最薄弱的部分，并找出诱发管道事故的各种因素，这些因素对系统产生的影响程度以及在何种条件下会导致管道失效，最终确定应该采取的风险控制措施。其最大的优点是不必建立精确的数学模型和计算方法，依据风险分析过程的逻辑推理关系，来确定系统中各种危害事件的关系。定性风险评价的精确性取决于专家经验的全面性，划分影响因素的细致性、层次性等，具有直观简便、便于掌握、快速、成本低、实用性强等特点。定性风险评价方法主要有安全检查表(CL)、预先危害性分析(PHA)、危险和操作性分析(HAZOP)、失效模式与影响性分析(MFEA)等方法。定性法可以根据专家的观点提供高、中、低风险的相对等级，但是危险性事故的发生频率和事故损失后果均不能量化，在风险管理过程中需要识别潜在危险事故时,是重要的第一步。

(2)半定量风险评价方法

半定量风险评价(Semi-Quantitative Risk Analysis)是以风险的数量指标为基础,对管道事故发生概率和事故损失后果按权重值各自分配一个指标,然后用加和除的方法将两个对应事故概率和后果严重程度的指标进行组合,从而形成一个相对风险指标。最常用的是风险指数法,最具代表的即是前文中所提到的美国 W. Kent Muhlbauer 所著的《管道风险管理手册》。至今,该书所介绍的评价模型仍然为世界各国所广泛采用着,国内外大多数管道风险评价软件程序都是在它的基本原理之上进行编制的。

(3)定量风险评价方法

定量风险评价(Quantitative Risk Analysis)也即概率风险评价,是以风险的数量指标为评价标准的一种管道风险评价的高级阶段。定量风险评价将可能导致管道发生事故的各类风险因素处理成随机变量或随机过程,通过计算单个事件概率得出最终事故的发生概率,并对事故后果也进行量化,结合事故概率与事故后果计算出油气管道的量化风险值。定量风险分析一般需要在定性分析基础之上进行,它的目的是对定性分析中已识别出的风险水平较高的故障类型进行详细的定量评价。由于管道失效的失效原因与故障类型多种多样,因而定量风险评价的建立需要其他多种学科的辅助,例如结构力学、有限单元法、断裂力学、可靠性理论和各种强度理论等。同时,还要求将大量的设计、施工、运行等资料建立起风险评价数据库,由此运用确定性或不确定性的方法建立评价的数学模型,最后再分析求解。定量风险评价结果的精确性取决于原始数据的完整性、数学模型的精确性和分析方法的合理性。然而目前,定量风险评价所遇到的最大的问题就是数学模型建立的困难性。有些故障类型例如腐蚀引起的失效目前已有比较多的研究,并开发了模型去计算概率,然而更多的类型难以开发相应模型,而所造成的事故后果则更加难以运用一个定量的指标去评估。目前大多数研究工作还只是集中于生命安全风险或经济风险,而海底管道事故后果对环境所能造成的重大危害则还不能定量评估,生命安全风险、环境破坏风险和经济风险的综合评价也尚未有合适的方法。

## 1.2.2 管道风险评价具体实现方式

1. 故障树分析

故障树分析法(Fault Tree Analysis,FTA)是美国贝尔电报公司的电话实验室于1962年率先提出的,它采用逻辑的方法,形象地进行危险的分析工作。其特点是直观、明了,思路清晰,逻辑性强,可以做定性分析,也可以做定量分析。故障树是一种逻辑演绎工具,用于分析所有事故的现象、原因和结果事件及它们的组合,从而找到避免事故的措施。故障树分析中,将系统不希望出现的事件作为故障树的顶事件,用规定的逻辑符号自顶事件开始由上而下地分析,找出导致顶事件发生的所有可能的直接因素,及其相互间的逻辑关系,并由此逐级递进分析,直到找出事故的根本原因,也就是故障树的底事件为止。故障树分析需经历三个主要阶段:

①故障树的构建:识别出可能会导致失效或发生事故的故障及情况组合。

②故障树的评估:识别出将分别导致系统失效或发生事故的事件组合。

③故障树的量化:根据上述定义的一系列事件组合评估整体失效概率。

2. 事件树分析

事件树分析法（Event Tree Analysis，ETA）是一种按事故发展的时间顺序由初始事件开始推论可能的后果，从而进行危险源辨识的方法。这种方法用一种称为事件树的树形图将系统可能发生的某种事故与导致事故发生的各种原因之间的逻辑关系表示出来，对关联的发生概率进行估算，最终找出事故发生的主要原因。事件树是一种用于描述可能事件链的可视化模型，事件的可能结果经由一系列问题予以确定，而每一个问题均需回答是或否。

3. 失效模式及影响分析

失效模式及影响分析（Failure Models and Effects Analysis，FMEA）是一种可靠性分析的重要定性方法，它能对元件或系统进行风险评估。它以产品的每个组成部分可能存在的失效模式为研究对象，确定各个失效模式对产品其他组成部分和产品要求功能的影响，用以防范产品在实际设计、生产、组装时可能存在的风险。通过不断地评估、验证及改进，使产品趋于最优。失效模式及影响分析实质是进行概念分析，或者说是从可靠性角度对已完成的设计进行详细分析。由于失效模式及影响分析是建立在工程鉴定和工程数据的基础上的，因此这种评估能用于为现役部件提供设计修改和改进意见，也可以为发展新项目提供指导。

失效模式及影响分析法一般采取如下步骤：

①定义要评估的系统、系统各部分的功能关系及它们的性能要求；

②建立分析的等级；

③标识故障模式、故障发生的原因和后果，故障相关的重要性和它们的顺序；

④标识检测、纠正和隔离保护的方法；

⑤标识设计对故障条件下的操作保护；

⑥汇总、推荐正确的行动和危险程度报告。

4. 风险指数法

风险指数法（Risk Index）是由前文中提到的 W. Kent Muhlbauer 所提出的半定量评价方法。该评价方法和其他方法相比具有以下的优点：

①到目前为止，该评价方法是各种方法中最完整、最系统的方法；

②容易掌握，便于推广；

③可由工程技术人员、管理人员、操作人员共同参与评分，可集中多方面意见。

专家评分法将造成管道事故的原因大致分为四大类，即第三方破坏、腐蚀、设计和操作。这四者总分最高400分，每一种100分，指数总和在0～400分之间。因而它的缺陷在于无法考虑这四类原因之间的重要关系，不能分配各个因素的权重。只适合用于计算相对风险。

5. 概率结构力学

1986 年由 Balkey K R 等人提出的概率结构力学（Probability Structure Mechanics，PSM）是一种既有确定性计算同时又对未知的不确定性参数进行概率描述的分析理论。这些不确定性因素包括环境荷载、构件及缺陷尺寸、结构材料的力学性能和化学成分以及结构老化的影响等。而每一个不确定性参数也即一个随机变量，可由概率分布函数来描述，为结构可靠度的计算提供依据。

6.结构可靠性和风险评估

结构可靠性和风险评估（Structure Reliability and Risk Assessment，SRRA）基于 PSM，应用失效数据、分析模型、专家意见、构件初始状态假设、结构老化等相关资料与模型，评估构件失效概率。由于计算机的发展，诸如蒙特卡洛等可靠性方法已经可以很容易地通过编程实现。

# 1.3    本书主要研究内容

全书共分为7章，各章内容安排如下。

第1章：介绍本书的研究背景、意义及研究内容；对本书研究涉及内容进行国内外文献调查并介绍其应用现状。

第2章：介绍了一些风险及其相关基本概念，并对管道溢油事故给出了一个界定范围，分析了管道溢油事故的破坏形态及导致这种破坏形态的可能原因。建立了海底管道溢油风险的评价体系，并给出了一个评价过程。

第3章：介绍了故障树分析方法，进行风险辨识，找出影响海底管道溢油的最关键因子，帮助建立模糊综合评价的指标体系。接着介绍了模糊数学的基本原理，重点介绍多级模糊综合评价的方法，采用层次分析法计算风险因素权重，并确定了溢油可能性与后果的评价集合，以及综合的风险矩阵。

第4章：建立了海底管道溢油风险指标体系。在可能性指标体系中将溢油的五大风险源，即腐蚀、疲劳、自然力、误操作和第三方破坏作为可能性指标下的一级指标，后果指标体系中将介质危害和后果控制作为一级指标，然后继续向下建立二级、三级指标。在最底层的指标中，为了便于应用多级模糊综合方法，每一个指标都用合适的方式划分为几个等级。

第5章：分别介绍了海底输油、输气、混输管道的溢油量计算方法。输油管道分为孔口泄漏和断裂泄漏。针对不同的溢油风险源的破坏程度，本书假设了可能的泄漏孔径，并且针对不同的泄漏孔径设置了不同的泄漏时间。为了应用到溢油后果指标体系中，提出了综合溢油量的概念。综合溢油量是将可能性指标体系中的五大溢油源可能产生的泄漏量综合起来，对最终溢油量进行考虑的一个标准。

第6章：提供了一种基于可靠性的管道腐蚀溢油概率的定量评估方法。整个评估方法中，腐蚀分别考虑内腐蚀与外腐蚀，内腐蚀采用模型模拟腐蚀速率，外腐蚀深度与长度考虑成服从威布尔分布的两个随机变量。定义了管道溢油的极限状态。在此基础上采用蒙特卡洛法对腐蚀情况下的管道溢油概率进行定量评估，最终计算出了不同情况下的可靠指标。

第7章：对本书工作进行汇总，并对接下来的研究提出建议。

# 第2章 海底管道溢油风险
# 评价体系研究

## 2.1 基 本 概 念

### 2.1.1 风险及其相关概念

在《管道风险管理手册》中，风险 R(Risk) 的定义为发生特定危害事件的可能性及事件造成损失的大小。风险与危险的最大区别就是，危险是一种固有的性质，危险不可改变，但却可以通过一定的措施达到降低风险的目的。通过定义就可以显而易见地发现风险的两个要素：发生危害事件的概率 P(Probability) 和事件的后果 C (Consequence)，因而，风险又常常定义为概率 P 与后果 C 的乘积，即

$$R = P \times C \tag{2-1}$$

风险从性质上又可分为三类：社会风险、环境风险和财务风险。

社会风险指的是事故发生后可能给社会带来的损失，例如人员的伤亡等。

环境风险指的是事故发生后给环境带来的危害。

财务风险指的是事故发生后给人类财产带来的损失。

风险评价是一种基于数据资料、运行经验、直观认识的系统的方法。通过辨识系统风险源、分析失效原因和失效后果、计算失效概率并量化风险后果，亦充分了解系统风险情况，为能够科学地管理系统提供可靠的依据，从而能够合理运用有限的人力、物力、财力等资源条件，以便采取最为适当的措施达到最为有效地减小风险的目的。

风险评价是一个多步骤的过程，其中包含了风险分析、风险评估、风险管理等多方面的内容，这些概念常常被混淆，然而实际上它们分别代表了风险评价的不同阶段。风险评价的初步评价就是风险分析，根据现有的运行状况、数据资料对风险的潜在影响因素和失效后果进行初步评估，并采用科学的方法分析失效概率和失效后果，为风险评估做准备工作。风险评估又是在风险分析的基础上，根据相应的风险接受准则，判断该管段的风险是否处于可接受的水平，也就是判断是否需要采取进一步的安全措施。

风险管理是指项目管理者针对风险评估的结果，选择相应的手段，寻求降低风险的措施，从而以尽可能小的支出，获取尽可能高的安全效果的过程。由于风险不可能完全消除，并且当风险降低到一个水平上后，即便再投入很多，也已经很难获得好的效果，总收益反而变小了。因而只需要把风险限定在一定的水平上，然后研究影响风险的各种因素，再经过优化，找出最佳的投资方案。

### 2.1.2 海底管道溢油事故定义及形态

1.海底管道溢油事故的界定

任何风险评价总是针对一个明确的目标对象，本书的对象即是研究海底管道的溢油

风险。那么首先必须明确的是，海底管道溢油事故是如何界定的。

关于海底管道溢油事故与海底管道失效事故并不完全等同。海底管道失效模式主要表现为穿孔、断裂、凝管和设备故障四种，可见当管道失效时，并不一定会发生溢油事故。当管道发生渗流、穿透、破裂等事故时均属于溢油事故，本书所评价的均基于此，不发生溢油事故的失效不在本书的评价范围内。溢油事故最显著的特征即是油气的泄漏必然会导致环境的损害，因而本书的重点之一在于如何评价这种损害后果。

2.海底管道溢油事故的类型

根据海底管道溢油破坏的程度不同，将溢油事故分为三种类型：管道断裂溢油、管道穿孔溢油和管道裂纹溢油。

（1）管道断裂溢油

管道断裂溢油是最为严重的溢油事故形式，因为一旦管道断裂短时间内即可造成很大的溢油量。断裂溢油一般由剧烈的外力作用造成，例如地震等自然力，船舶拖锚对管道造成持续的拉动直至拉裂。

（2）管道穿孔溢油

管道穿孔溢油主要是由腐蚀或管材的质量缺陷造成的。管道腐蚀分为内腐蚀与外腐蚀。管道内腐蚀的发生与管内输送介质有关，介质中常含有硫化氢、二氧化碳、氧气等易造成腐蚀的杂质，使管内发生化学腐蚀。管外腐蚀则是由于管道处于海水或土壤此类电解质溶液中，常发生电化学腐蚀。海底管道在腐蚀作用下常以局部穿孔形式破坏。管材质量缺陷指的是管道材料制造过程中产生的缺陷，例如材料表面的裂纹，内部的气孔、夹渣等缺陷。由于缺陷的存在，导致管道很容易在局部造成应力集中而发生破坏。

（3）管道裂纹溢油

造成管道裂纹溢油的因素很多，例如第三方的海上活动，包括船舶抛锚、拖网渔船拖挂、海上落物冲击或者是海床运动、波流冲刷导致的管道破坏。

根据以上的分析可见，同一个因素可能造成管道不同形式的溢油。例如船舶抛锚作用可能造成管道变形，严重时管道可能破裂，甚至断裂。对于同一种因素所产生的不同形式溢油，主要差别在于外力作用的强弱。实际情况中，由于管道生产工艺及管理技术，管道断裂溢油事故相对较少，穿孔和裂纹事故发生频率相对较高。

## 2.2　海底管道溢油风险评价体系

### 2.2.1　管线分段

由于海底管线跨越距离长、环境变化大，因而一条管线上风险处处不相同。那么这就带来一个问题：管线的哪一段才是风险最高、最薄弱的呢？通常，评价人员在进行风险评价之前，会依据一定的原则对管线进行分段，再对这些分段之后的管段分别做出评价，找出最薄弱环节。因而，按照什么样的标准对管线进行分段是评价人员需要考虑的。显然，分段越多，评价结果越精确，但却提高了数据收集、处理与维持的费用。相反，分段越少，减少数据成本的同时也降低了准确度。在海底管道中，管段划分通常在：

①管道尺寸变化处；

②水深变化处；

③截断阀；

④覆盖层厚度变化处；

⑤活动程度变化处。

### 2.2.2 危险辨识

危险辨识是进行风险评价的前提和基础。国内海底管道泄漏事故的原因有第三方破坏、疲劳破坏、腐蚀、自然灾害和人为误操作等。

1.第三方破坏

据统计，全球50%~60%的海底油气管道破裂事故是由第三方破坏导致的。第三方破坏是指由于非管道作业方行为而造成的管道意外损坏。当海底管道位于活动频繁地带时极易遭受到例如海上工程施工、船舶起抛锚作业以及拖网捕鱼、落物冲击等的破坏而造成泄漏事故。

2.疲劳破坏

当海底管道埋深较浅时，在波流冲刷作用下会逐渐裸露出海底而呈悬跨状态，波流流经悬跨管道时会在管道后部释放旋涡引起管道振动。当悬跨管道自振频率与旋涡释放频率相近时管道发生涡激共振，使管道在很短的时间里产生疲劳或强度破坏。

3.腐蚀

介质腐蚀、海洋环境腐蚀和有机物损坏等均可诱发海底管道腐蚀，腐蚀失效是海底管道的主要形式，所占比例达到35%。引起海底管道腐蚀的因素主要有防腐层失效、阴极保护失效、管道自身缺陷等。

4.自然灾害

自然力主要包括台风、地震、海啸等极端天气和海床运动等。

5.误操作

误操作主要是人为失误。

### 2.2.3 海底管道溢油风险分析过程

风险分析可以理解为对计算结果进行详细的分析，为风险决策提供科学的依据。风险分析的一般步骤如下。

1.可靠性资料的收集

这是风险分析中必须采取的第一步，其重要性不亚于风险分析本身。此时，我们要做的事情之一，就是要弄清楚未知数有多少。

2.确定研究的目标变量和关键变量

目标变量就是计算过程中的衡量标准，如人的死亡概率、事故的发生频率、损失度等。关键变量是影响目标变量的主要因素。

3.根据风险变量建立模型

模型包括风险模型、数学计算模型等，能否建立一个正确合理的模型对于计算结果的准确性、可靠性有很大的影响。

4.风险变量的定量化

能否找到一个合适的数学方法将风险变量定量化是科学地进行风险分析的基础，是决策者决策的理论基础和衡量标准。

5.风险失效概率的计算

根据建立的模型运用定量化的数学方法计算风险因素和子风险因素的失效概率。

6.风险后果的计算

根据不同性质的风险影响后果建立不同的计算模型，找出合适的数学方法并将其定量化。

7.风险数的计算

根据公式，即

$$风险=风险概率×风险后果$$

计算出风险评估的风险数。

8.风险分析

对计算结果进行详细的分析，为风险决策提供科学的依据。

### 2.2.4　海底管道溢油风险评价体系建立的技术路线

海底油气管道溢油事故与管道的损坏失效密切相关，其溢油风险评价贯穿于管道的设计、施工、运行、维护、检修和管理的各个阶段。目前，我国对溢油风险评价的研究少之又少，主要存在的问题有风险源层次混乱、工程应用具有局限性、评价方法主观性强等。本书的目的是开发一个层次清晰、适合工程实践、适用于我国实际国情的海底管道溢油风险评价体系。技术路线如图2.1所示。

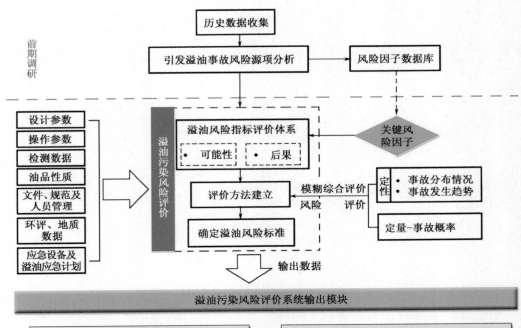

图2.1　海底管道溢油风险评价体系建立的技术路线图

## 2.3　本　章　小　结

　　本章主要介绍了一些风险及其相关基本概念，并对管道溢油事故给出了一个界定范围，分析了管道溢油事故的破坏形态及导致这种破坏形态的可能原因。建立了海底管道溢油风险的评价体系，并给出了一个评价过程。

# 第3章 故障树分析和多级模糊综合评价法的应用

## 3.1 故障树分析

### 3.1.1 故障树分析方法

故障树分析是海底管道溢油风险评价体系的基础，也是风险分析的第一步，如图3.1所示。运用故障树分析方法，对引起管道溢油的各种因素进行分析，从而为海底管道溢油风险评价因素指标体系的建立提供依据。之后的评价中将运用模糊综合评判法，这将在下一节中介绍。

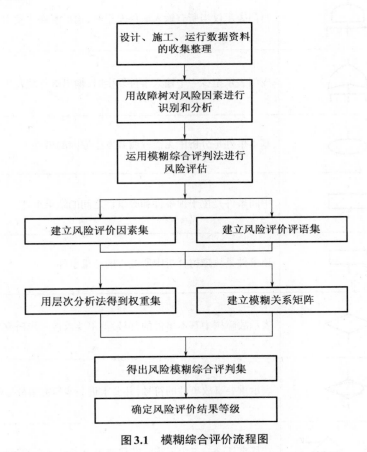

**图3.1 模糊综合评价流程图**

故障树分析法是一种图形演绎法，是故障事件在一定条件下的逻辑推理方法，对可能造成系统故障的各种因素进行分析，画出逻辑框图，从而确定系统故障原因的各种组合方式和发生概率。故障树把系统的失效事件作为顶事件，将引起失效的各种直接因素作为二次事件，按照逻辑关系，用逻辑门将上下级事件联系起来。由上而下逐级找出所有直接原因，作为下一级事件，直到不必再分解的基本事件为止。它不仅能够分析出事故的直接原因，还能够深入提示事故的潜在原因。故障树分析方法是对海底油气管道系统进行风险辨识的有效方法。

故障树分析具有很大的灵活性，不仅可对系统可靠性做一般的分析，也可以分析系统的各种失效状态，不仅可以对事故进行定性分析，还可以定量地计算复杂系统的失效概率。

### 3.1.2　故障树分析常用符号

表3.1是故障树分析中常用的逻辑符号和事件符号。

表3.1　故障树分析常用符号

| 符号 | | 名称与含义 |
| --- | --- | --- |
| 逻辑符号 | | 与门表示仅当所有输入事件发生时,输出事件才发生 |
| | | 或门表示至少一个输入事件发生时,输出事件就发生 |
| 事件符号 | | 基本事件是分析中无需探明其发生原因的事件 |
| | | 中间事件是位于顶事件和底事件之间的结果事件 |
| | | 顶事件是故障树分析中所关心的结果事件 |
| | | 表示故障树中基本事件的符号,但不要求进一步研究事故原因 |
| | | 表示重要事故事件的符号,并要求进一步研究事故原因 |
| | 　输入　　输出 | 转移事件——三角形指示转移或来自于另一个故障树 |

### 3.1.3　海底油气管道系统溢油故障树的建立

将管道的溢油事故作为顶事件，引起溢油的五大最直接因素是第三方破坏、疲劳、腐蚀、自然灾害、人为误操作。将这五大风险源作为次顶事件，采用类似方法继续逐次分析，层层类推，直至找到所有的基本事件，形成一棵倒置的逻辑树形图，如图3.2所示。表3.2是海底管道溢油事故故障树基本事件。

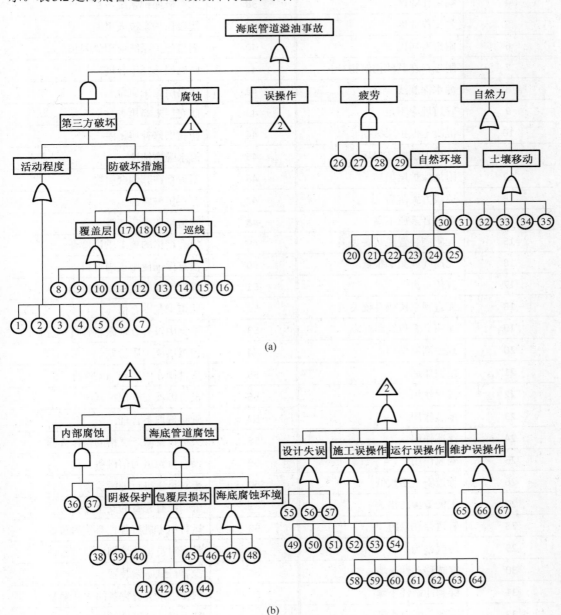

图3.2　失效故障树图

表3.2 海底管道溢油事故故障树基本事件

| 序号 | 事件 | 序号 | 事件 |
|---|---|---|---|
| 1 | 船运活动频繁 | 35 | 高的含水饱和度 |
| 2 | 挖泥作业区 | 36 | 管输介质的强腐蚀性 |
| 3 | 锚泊作业区 | 37 | 内部防腐层损坏 |
| 4 | 捕鱼作业区 | 38 | 无阴极保护系统 |
| 5 | 施工作业区 | 39 | 阴极保护系统效果差 |
| 6 | 附近有居民 | 40 | 阴极保护系统使用年限长 |
| 7 | 附近存在其他构筑物 | 41 | 防腐层选择不合理 |
| 8 | 海水深度浅 | 42 | 防腐层施工质量差 |
| 9 | 管道埋深不足 | 43 | 防腐层未经检查 |
| 10 | 混凝土保护层破损 | 44 | 防腐层修补质量差 |
| 11 | 海岸通道措施损坏 | 45 | 海水强腐蚀性 |
| 12 | 附加保护层损坏 | 46 | 附近存在其他金属物 |
| 13 | 巡线方式落后 | 47 | 存在机械腐蚀 |
| 14 | 观察者素质不高 | 48 | 管道系统老化严重 |
| 15 | 无感应装置或装置失灵 | 49 | 没有严格的施工质量检查 |
| 16 | 无巡线或频率很低 | 50 | 没有保证使用正确材料 |
| 17 | 宣传不力 | 51 | 没有严格的焊接质量检查 |
| 18 | 无直呼系统或系统失灵 | 52 | 回填工艺不合格 |
| 19 | 无明显管道线路标志 | 53 | 施工中没有合理搬运管材 |
| 20 | 潮汐潮流作用 | 54 | 包覆层施工质量差 |
| 21 | 波浪作用 | 55 | 正常操作中达到MAOP值 |
| 22 | 漩涡作用 | 56 | 没有涉及安全保护系统 |
| 23 | 地震作用 | 57 | 管材选取不合理 |
| 24 | 浮冰作用 | 58 | 关键设备缺乏严格的操作规程 |
| 25 | 飓风作用 | 59 | 没有SCADA通信设备 |
| 26 | 管道安全系数低 | 60 | 未对员工进行健康检查 |
| 27 | 无疲劳预防措施 | 61 | 公司没有完备的安全计划 |
| 28 | 管道存在悬跨 | 62 | 运行中未进行各种有效的检查 |
| 29 | 海流影响 | 63 | 没有对员工的培训计划 |
| 30 | 穿越移动性土壤 | 64 | 没有机械防错装置 |
| 31 | 穿越冲刷性土壤 | 65 | 维护中未进行完备的文件编制 |
| 32 | 穿越高能海水带 | 66 | 没有完备的维护计划 |
| 33 | 海床厚度低 | 67 | 没有书面的维护规程 |
| 34 | 高的土壤渗透系数 | | |

## 1.定性分析

故障树定性分析的内容就是找到故障树的全部最小割集。割集的概念是所有能导致故障树顶事件发生的基本事件的集合。最小割集是指导致顶事件发生的所有可能的基本事件的最小限度的集合，当集合中的全部基本事件都已发生时，顶事件必定发生；当割集中只要有一个基本事件不发生之时，则顶事件必然不发生。

一般来说，包含基本事件个数少的最小割集比包含个数更多的最小割集更容易发生，这就表示这最小割集的数量在一定程度上能反应事故发生的可能性大小。因而，这就能给我们一定的指导，去给予更多关注那些包含基本事件更少的最小割集，控制这些最小割集中的基本事件。

最小割集的一般求解方法为下行法(Fusssel 算法)。从顶事件开始，自上而下进行，与门增加割集的容量，或门增加割集的数量。每一步按上述原则自上而下排列，直到全部的逻辑门都置换为基本事件，再利用集合运算规则(布尔代数定型)加以简化、吸收，则得到全部最小割集。

## 2.定量分析

故障树定量分析包括两方面内容：顶事件发生概率计算和底事件的概率重要度、临界重要度分析。在定性分析已求出所有最小割集的情况下，若已知所有基本事件的发生概率，则相应地可以计算顶事件的发生概率。

显然，由故障树定量分析计算的事故概率适用于那些目前为止并没有合适的可靠性概率模型可以评估的事故。若能为海底管道建立失效或溢油事故数据库，那么就可以通过统计学方法得到各基本事件的发生概率，从而计算得到顶事件的发生概率。计算方法如下。

假设最小割集中的各基本事件是相互独立的，那么最小割集的概率即为此割集中所有基本事件概率的乘积。已知故障树的所有最小割集，$K_1$，$K_2$，$K_3$，$\cdots$，$K_n$，$K_j$ 中基本事件 $X_i$ 的发生概率 $p_i$，则第 $j$ 个最小割集的概率为

$$P_{K_j} = \prod_{x_i \in K_j} p_i \tag{3-1}$$

另假设各最小割集间相互独立，那么顶事件 $T$ 的发生概率即为每个最小割集概率之和，即

$$P = \sum_{j=1}^{K} p_{K_j} = \sum_{j=1}^{K} \prod_{x_i \in K_j} p_i \tag{3-2}$$

在一个故障树中包含了很多基本事件，这些基本事件并不是具有同样的重要性，有的基本事件或其组合一旦发生，就会引起顶上事件的发生。重要度的计算能够使基本事件或最小割集按照对顶上事件发生的影响程度大小排列，这对改进设计、诊断故障、制定安全措施具有重要意义。重要度包含概率重要度和临界重要度。定义最小割集概率重要度，也就是指最小割集对顶事件发生所做出的贡献大小，是顶事件的发生概率对该最小割集的发生概率的偏导数，计算式为

$$P_{T/K} = P_T / P_K \tag{3-3}$$

其中，$P_{T/K}$ 为该最小割集的重要度。同样的，可以定义基本事件的重要度 $P_{T/i}$，即为顶事件发生概率对该基本事件发生概率的偏导数。

然而，概率重要度虽然反映了某基本事件或最小割集对顶事件概率的贡献，却不能

反映不同基本事件概率改变的难易程度。因而定义临界重要度或称关键重要度，从敏感度和自身发生概率的双重角度衡量各基本事件的重要度标准，这就是临界重要度。临界重要度从系统安全的角度来考虑，用基本事件发生概率的相对变化率与顶上事件发生概率的相对变化率之比来表示基本事件的重要度，计算式为

$$C_i = \frac{p_i}{P_T} P_{T/i} \tag{3-4}$$

尽管这样可以很容易地得到顶事件的发生概率，然而实际上，由于国内海底管道溢油事故数据的匮乏，尚不可能建立统一的事故数据库，因而难以获得基本事件的发生概率。文献[13]中提供了一个由专家判断法与模糊集合理论相结合以求解基本事件发生概率的方法。首先，为了获得更加可信的数据，由分析人员审慎地选择多位专家。这些专家在教育背景、工作经验、专业方向上必然是不尽相同的，那么为了考虑这些差异，将专家意见更加合理地纳入统计数据，因而采用层次分析法按照专家的不同专业能力，得到不同的可信度水平，从而提高专家组判断的客观性。得到专家意见之后通过模糊语言将自然语言转化为模糊数从而确定基本事件的模糊概率，根据之前确定的专家权重能够得到最终的模糊概率。

# 3.2　模糊数学基础理论

## 3.2.1　事物的模糊性

在普通的集合论中，一个对象和一个集合的关系是确定的，要么"属于"，要么"不属于"，不存在其他情况。也就是说，普通集合论只能表示"非此即彼"的现象。然而在自然科学或社会科学中，存在着许多定义不严格或者说无法明确定义的概念，这就是所谓的模糊性。它指的是客观事物的差异在中间过渡中的不分明性，不具有明确的外延。例如大、小、轻、重、美、丑此类现象不存在一种明确的界限准则可以去判断；又如溢油的危害性，可以分为"很小，小，中等，大，很大"等，也许我们可以采用某种确定性方法去评价它，然而由于受到诸多因素的制约，结果却未必准确。模糊数学就是在这种情况下应运而生的。1965 年，L.A. Zadeh 发表了文章《模糊集》，标志着模糊数学的诞生。它用属于程度（隶属度）代替了属于或者不属于，大大扩展了数学的应用范围。

风险本身就是既具随机性，又具模糊性。在管线风险评价的失效可能性的各种因素中，有很多因素是无法或难以精确定量的；在失效后果因素中，几乎全部属于不确定性因素。而管线结构形式各异，地区条件和地貌状况差别极大，造成专家评分不一，给现场实际操作带来了极大困难。模糊数学的思想和方法为解决这一问题提供了理论依据。为了合理评价溢油可能性与后果危害性，本书采用了模糊数学中多级模糊综合评价的理论。多级模糊综合评价的方法已经被广泛应用于各类风险评估，在陆上管道的风险评价中已有很多的应用，而海底管道应用相对较少。

## 3.2.2　模糊集合与隶属函数

模糊集合是表示模糊概念的方法，它是普通集合理论的推广：在普通集合中，元素 $u$ 对集合 $A$ 的隶属度只有 0 和 1 这两个值。模糊集合则把元素"对集合 $A$ 的隶属度从 0 或 1

扩充为[0，1]"。

　　一般把集合 $A$ 的隶属函数 $x_A$ 记为 $\mu_A$。具体定义：如果论域 $U$ 中的任意一个元素 $u$ 对集合 $A$ 的隶属度为 $\mu_A(x)$，且 $\mu_A(x)$ 满足 $0 \leqslant \mu_A(x) \leqslant 1$，则说隶属函数 $\mu_A$ 确定了论域 $U$ 上的一个模糊子集 $A$。$\mu_A(x)$ 称为元素 $u$ 对于模糊子集 $A$ 的隶属度。当 $\mu_A$ 仅取 0 和 1 这两个值时，隶属函数退化为普通集合的特征函数，$A$ 退化为普通集合。

　　下面举一个实例。设论域 $U=\{$周一，周二，周三，周四，周五，周六，周日$\}$，从周一至周三好天气，周四至周日坏天气。则按普通集合观点，特征函数有 $f_A(u)=1$，$u$（好天气）$\in A$；$f_A(u)=0$，$u$（坏天气）$\notin A$。然而实际上好天气与坏天气的划分并没有确定标准，利用模糊集合概念，则论域 $U$ 中的元素相对于好天气的隶属度可写成 $\mu_A$（周一）$=0.9$；$\mu_A$（周二）$=0.8$；$\mu_A$（周三）$=0.8$；$\mu_A$（周四）$=0.2$；$\mu_A$（周五）$=0.4$；$\mu_A$（周六）$=0.3$；$\mu_A$（周日）$=0.1$；诸如此类。

### 3.2.3　模糊集合的表示方式

模糊集合的表示方式有如下几种：

1. "向量"表示方法

将论域 $U$ 上的隶属度按顺序排列成向量的形式，对于一般的模糊集合 $A$，表示为

$$A = \{\mu_1,\ \mu_2,\ \mu_3,\ \cdots,\ \mu_n\} \tag{3-5}$$

则前面的模糊集合用向量表示方法可以写成 $A=(0.9,\ 0.8,\ 0.8,\ 0.2,\ 0.4,\ 0.3,\ 0.1)$。

2. "序列"表示方法

将元素与其对应的隶属度组成有序对的形式，表示为

$$A = \{(\mu_1,\ u_1),(\mu_2,\ u_2),\ \cdots,(\mu_n,\ u_n)\} \tag{3-6}$$

则前面的模糊集合用序列表示法可写为 $A=\{$（0.9，周一），（0.8，周二），（0.8，周三），（0.2，周四），（0.4，周五），（0.3，周六），（0.1，周日）$\}$。

3. "分数"表示方法

如论域 $U$ 为有限集或可数集，用分数的形式表示模糊集合：

$$A = \frac{\mu_A(u_1)}{u_1} + \frac{\mu_A(u_2)}{u_2} + \cdots + \frac{\mu_A(u_n)}{u_n} = \sum_{i=1}^{n} \frac{\mu_A(u_i)}{u_i} \tag{3-7}$$

　　需要注意的是式（3-7）中的分号仅仅是作为一种符号，并不代表运算。则前面的模糊集合用分数表示法可写为 $A=0.9/$周一$+0.8/$周二$+0.8/$周三$+0.2/$周四$+0.4/$周五$+0.3/$周六$+0.1/$周日。

4. "积分"表示方法

如论域 $U$ 为无限不可数集，只需将式(3-7)中的 $\sum$ 改成 $\int$，就变为积分表示法，即

$$A = \int \frac{\mu_A(u)}{u} \tag{3-8}$$

同样地，式(3-8)中的积分符号和分号不代表运算，仅仅作为一种符号。

# 3.3　多级模糊综合评价

综合评价问题中，对应于每一个因素，都有一个确定的评价分数，并且对于许多问题，并不能简单地用一个分数来加以评价，例如评价一样商品的好坏时，评价的因素有实用性、性价比、美观程度等多方面。在模糊理论产生之前，对一个对象评价常采用的方法是总分法和加权平均法。包括 W. Kent Muhlbauer 在《管道风险管理手册》中介绍的风险指数法，将在风险指数中的第三方损害指数、腐蚀指数、设计指数和误操作指数这四类因素做同等考虑，最后得到一个总和。这样做的缺陷就是，并不能考虑到这些因素对于目标的评价的差异性，也就不考虑因素之间的主次之分，显然存在一定的不合理性。加权平均法能够对每一个因素按其重要性分配权重，按照各因素的加权平均值作为评价标准。

然而很多时候，评判的结果并不能用一个确切的数值去表示，只能用一个模糊的概念去描述。这时，为了得到更合理的评判结果，就可以采用模糊综合评价的方法。模糊综合评价就是对受多因素影响的事物采用模糊分析的方法进行总的评价的一种方法。

## 3.3.1　单层模糊综合评价

单层模糊综合评价就是通过构造等级模糊子集，将反映被评对象的模糊指标进行量化，即确定被评对象对模糊子集的隶属度，利用模糊变换原理对同一层次中的各个指标进行综合评价的方法。其步骤如下：

1. 确定评价对象的因素集合 $U$

$$U = \{u_1,\ u_2,\ u_3,\ \cdots,\ u_m\} \tag{3-9}$$

其中，$u_1,\ u_2,\ u_3,\ \cdots,\ u_m$ 是 $m$ 个同一层次上所有单个因素，因素集构成了评价的框架。

评价指标的选取要满足

（1）完备性原则，即评价指标体系要尽可能覆盖整个评价系统的内容，要能够全面地反映评价对象；

（2）独立性原则，即在同一层次上的评价指标要相互独立，没有交叉；

（3）可行性原则，即评价指标要便于直接观测和测量；

（4）通用性原则，即评价指标从内容到形式，要能够适合于所有的评价对象，有足够的代表性，不能仅仅适用或反映个别的评价对象。

2. 建立评价等级集合

$$V = \{v_1,\ v_2,\ v_3,\ \cdots,\ v_n\} \tag{3-10}$$

其中，$v_1,\ v_2,\ v_3,\ \cdots,\ v_n$ 是评价结果，$n$ 是元素的个数，即等级数或评语档次数，每一个等级对应于一个模糊子集。一般情况下，评价等级数取 2~7 中的整数。这一集合规定了因素集中的元素的评价结果的选择范围区间，可以是定性的，也可以是量化的分值。

3. 确定评价因素的权重集

$$A = \{a_1,\ a_2,\ a_3,\ \cdots,\ a_m\} \tag{3-11}$$

其中，$a_1,\ a_2,\ a_3,\ \cdots,\ a_m$ 是与 $u_1,\ u_2,\ u_3,\ \cdots,\ u_m$ 相对应的因素权重，权重反映各因素的重要程度。且同层之间因素权重之和为1，且 $0 \leq a_i \leq 1$。

4.建立模糊关系矩阵

假设对第 $i$ 个评价因素 $u_i$ 进行单因素评价得到一个相对于 $v_j$ 的模糊向量:

$$R_j = \{r_{i1},\ r_{i2},\ r_{i3},\ \cdots,\ r_{im}\} \quad i = 1,\ 2,\ \cdots,\ m;\quad j = 1,\ 2,\ \cdots,\ m \tag{3-12}$$

其中, $r_{ij}$ 为元素 $u_i$ 具有 $v_j$ 的程度, 且 $0 \leq r_{ij} \leq 1$。在确定和评价对象因素集合和评价等级集合之后, 就要逐个对评价对象从每个因素上进行量化。若对 $n$ 个元素进行了综合评价, 其结果是一个 $n$ 行 $m$ 列的矩阵, 称之为模糊关系矩阵 $\boldsymbol{R}$。显然, 该矩阵中的每一行是对每一个单因素的评价结果, 整个矩阵包含了按评价结果集合 $V$ 对评价因素集合 $U$ 进行评价所获的全部信息。

5.计算评价向量

权重向量 $\boldsymbol{A}$ 与模糊关系矩阵 $\boldsymbol{R}$ 的合成就是该事物的最终评价结果, 即

$$\boldsymbol{B} = \boldsymbol{A} \circ \boldsymbol{R} = (a_1,\ a_2,\ a_3,\ \cdots,\ a_m) \begin{bmatrix} r_{11} & r_{12} & \cdots & r_{1n} \\ r_{21} & r_{22} & \cdots & r_{2n} \\ \vdots & \vdots & & \vdots \\ r_{m1} & r_{m2} & \cdots & r_{mn} \end{bmatrix} = (b_1,\ b_2,\ b_3,\ \cdots,\ b_n) \tag{3-13}$$

其中, "$\circ$" 为模糊合成算子。$\boldsymbol{R}$ 中不同的行反映了评价对象中不同的单因素对各等级模糊算子的隶属度。用权向量对不同的行进行综合就可得到该评价对象从系统总体上来看对各等级模糊子集的隶属程度, 即模糊综合评价向量。

6.对目标进行综合评价, 确定评价等级

进行了上述的过程之后, 就可以得到一个总的目标对于评价集合的隶属度, 表现为一个模糊向量, 这与其他综合评价方法得到一个综合评价值不同。对确定的综合评价值可以方便地进行比较并排序, 而对不同的多维模糊向量进行排序就不那么方便, 这就需要对模糊综合评价结果向量再做进一步的处理, 将模糊向量转化为确定的评价值。比较常用的方法是按照加权平均原则, 将等级看作一种相对位置, 使其连续化。分别用 "10, 30, 50, 70, 100" 表示各等级, 称为各等级的秩, 用对应的隶属度值与各等级的秩相乘累加得到最终的评价分值, 便于后续的比较利用。

### 3.3.2　多层模糊综合评价

在复杂系统中, $U$ 中元素特别多, 因素有多个层次, 一个因素又由其他若干个因素决定, 此时单层综合评价就难以适用。由于因素多且庞大, 如果权重的分配比较均衡, 而权重又需要满足 $\sum a_i = 1$, 则其中会有多个因素的权重非常小。使用模糊变换之后, 微小的权数会 "淹没" 多数评价因素值, 这样就难以比较事物之间的优劣次序。可按其性质先将所有的因素分为若干类, 如果每类因素还可以再继续分类, 就继续多次进行下去。

多级模糊综合评价的实现步骤如下:

1.确定因素集及因素的层次关系 (略)

2.建立权重集合

首先, 建立因素类权重集合。根据各类因素的重要程度, 赋予每个因素类以相应的权数。设共有 $i$ 类因素, 第 $i$ 类因素的权重数为 $a_i$, 则该因素类的权重集合为

$$A = (a_1,\ a_2,\ a_3,\ \cdots,\ a_l) \tag{3-14}$$

第二步, 建立因素权重集合。在每一类因素中, 根据各个因素的重要程度, 赋予每

个因素以相应的权数。

$$A_i = (a_{i1},\ a_{i2},\ a_{i3},\ \cdots,\ a_{ij})\qquad i = 1,\ 2,\ \cdots,\ l \tag{3-15}$$

其中，$a_{ij}$表示第$i$类中的第$j$个因素的权重数，$j=1$，$2$，$\cdots$，$m$。

3. 建立评价结果集合

该步与单层模糊综合评价中建立评价结果集合的过程相同。

4. 进行一级因素的综合评价

对第$i$类中的第$j$个元素进行综合评价，$i=1$，$2$，$\cdots$；$l$，$j=1$，$2$，$\cdots$，$m$。评价对象隶属于评价结果集合中的第$k$个元素的隶属度为$r_{ijk}$，$k=1$，$2$，$\cdots$，$n$，则该综合评价的单因素隶属矩阵为

$$\boldsymbol{R}_i \qquad i = 1,\ 2,\ \cdots,\ l \tag{3-16}$$

于是，第$i$类因素的模糊综合评价集合：

$$\boldsymbol{B}_i = \boldsymbol{A}_i \cdot \boldsymbol{R}_i = (a_{i1},\ a_{i2},\ a_{i3},\ \cdots,\ a_{im}) \cdot \boldsymbol{R} \tag{3-17}$$

5. 进行二级因素的综合评价

最底层模糊综合评价仅仅是对某一类中的各个因素进行综合，为了考虑各类因素的综合影响，还必须在类之间进行综合。进行类之间因素的综合评价时，所进行的评价为单因素评价，而单因素评价矩阵应为最底层模糊综合评价矩阵：

$$\boldsymbol{B} = \begin{bmatrix} \boldsymbol{B}_1 \\ \boldsymbol{B}_2 \\ \boldsymbol{B}_3 \\ \boldsymbol{B}_4 \end{bmatrix} = \begin{bmatrix} \boldsymbol{A}_1 \cdot \boldsymbol{R}_1 \\ \boldsymbol{A}_2 \cdot \boldsymbol{R}_2 \\ \boldsymbol{A}_3 \cdot \boldsymbol{R}_3 \\ \boldsymbol{A}_4 \cdot \boldsymbol{R}_4 \end{bmatrix} = (b_1,\ b_2,\ \cdots,\ b_l) \tag{3-18}$$

## 3.4　风险因素评价等级的评语集确定

每个单因素的评价标准是由一些评价等级组成的，并且每一个等级对应一种评价语言。评语等级分得越细，评价就会越准确，但同时评价过程也更加烦琐，难以掌握。常用的风险要素与评判语言的对应关系如下：

3 等级——{高,中等,低}；

5 等级——{很高,较高,中等,较低,很低}；

7 等级——{很高,高,较高,中等,较低,低,很低}。

本书中用于海底管道溢油风险评价的是 5 等级评判语言,溢油可能性评语集表示为 $V_p=$ {溢油可能性极小(10分),溢油可能性小(30分),溢油可能性中(50分),溢油可能性大(70分),溢油可能性极大(100分)};溢油后果评语集表示为 $V_q=${溢油后果极轻(10分),溢油后果较轻(30分),溢油后果中等(50分),溢油后果较严重(70分),溢油后果极严重(100分)}。

## 3.5　模糊关系矩阵的确定方法

确定模糊关系矩阵，也就是确定各个因素对评价等级的隶属度。评价指标可以分为定性指标和定量指标两类。定性指标指人们在判断一个事物时无法用定量的方法表达出来，而通常采用一些具有模糊意义的表述，如一位教师的授课能力，只能根据评价人的

知识水平和经验分析，给出"好、一般、差"此类的评价。定量指标虽然可以定量表示，但是仍然具有一定的模糊性。例如什么样的年龄属于青少年，尽管年龄可以用一个确切的数字表示，却仍然难以界定青少年的范围。

### 3.5.1　定性指标隶属度确定方法

常用百分比统计法，即直接将被评价对象的评价结果进行百分比统计并将结果作为该指标的隶属度。以单层综合评价方法为例，介绍如下。

评价因素论域 $U$ 中的元素 $u_i$，对应于评价结果论域 $V$ 的评价结果为 $r_{ij}$。设有 $H$ 位评价者参与评价，其中评价者 $k$ 的评价结果是（$u_{i1}^k$，$u_{i2}^k$，…，$u_{im}^k$），而 $u_{i1}^k$，$u_{i2}^k$，…，$u_{im}^k$ 中只有一个分量为 1，其余分量均为 0，则

$$r_{ij} = \sum_{k=1}^{H} u_{ij}^k \qquad i = 1, 2, \cdots, m; \quad j = 1, 2, \cdots, m \qquad (3\text{-}19)$$

### 3.5.2　定量指标隶属度确定方法

1.线性分析法

该方法首先在一个连续的区间上确定一系列具有分界点作用的值，然后将实际指标值通过线性内插公式进行处理，即可得该指标值对应的隶属度。该方法的另一种变形是人为地在所有指标值中选择具有明显分界点位置的值，然后将所有的指标值与该指标值相除，将所得到的值进行归一化处理，即可认为是各个指标值所对应的隶属度。本书中溢油量指标隶属度的确定即为此方法。

2.模糊分布确定隶属函数

如果模糊集合定义在实数域上，那么模糊集合的隶属函数就称为模糊分布。

常用的模糊分布主要有三类：偏小型、中间型以及偏大型。常见的模糊分布有、矩形分布、梯形分布、抛物线形分布、正态分布。

本书中除去溢油量指标外其他指标确定隶属度的方法均为百分比统计法，选取足够数量的专家，向专家进行统计意见，最后得到隶属度。

## 3.6　风险因素权重的确定

我们已经知道，模糊综合评价中，各评价指标之间的重要度是不一样的，因而用权重来体现这种差异。确定权重的方法有很多，例如专家打分法、二项系数法、主要成分分析法、均方差法等。这里介绍一种已经被广泛应用于各种权重确定的方法——层次分析法(AHP)。

### 3.6.1　层次分析法

层次分析法是美国著名运筹学家萨蒂于 20 世纪 70 年代提出的一种多准则决策分析方法。根据问题的性质和要达到的总目标，将所包含的因素进行分类，按照目标层、准则层、子准则层排列，构成一个多层次结构图。同层次间各因素通过两两比较的方法确定出相对于上一层目标的各自权重，这样层层分析下去，直到最后一层。层次分析法确定权重，可以有效地处理那些难于完全用定量方法分析的复杂问题。它将定量与定性相结

合，可以将人的主观判断用数量的形式来表达处理，是一种整合人们主观判断，将思维过程数学化的客观方法，在许多领域都得到了推广应用。下面介绍层次分析法的步骤。

1. 建立层次结构体系

在使用层次分析法时，首先要把所研究的问题层次化，形成一个多层次的结构模型。这一步实际上与模糊综合评价问题中的各层因素集的建立相类似。

2. 构造判断矩阵

建立层次结构体系之后，根据上下层之间的隶属关系，以上一层某因素为准则，对下一层次各指标，通过两两比较对上一层的相对重要性，构造判断矩阵。并按一定的标准赋予相应的分值，从而建立各指标两两相互比较的判断矩阵。判断矩阵按图 3.3 所示的形式构造。

$$
\begin{array}{ccccc}
A_k & B_1 & B_2 & \cdots & B_n \\
B_1 & b_{11} & b_{n1} & \cdots & b_{1n} \\
B_2 & B_{21} & b_{n1} & \cdots & b_{2n} \\
\vdots & \vdots & \vdots & & \vdots \\
B_n & b_{n1} & b_{n2} & \cdots & b_{nn}
\end{array}
$$

**图 3.3　判断矩阵的形式**

按照萨蒂的标度法，因素 $i$ 与因素 $j$ 相比得到 $b_{ij}$，在判断矩阵中填入 1~9 的数字，含义如表 3.3 所示。

**表 3.3　判断矩阵标度及含义**

| 标度 | 含义 |
|---|---|
| 1 | 表示两个因素具有同等重要性 |
| 3 | 表示两个因素相比，一个比另一个稍微重要 |
| 5 | 表示两个因素相比，一个比另一个明显重要 |
| 7 | 表示两个因素相比，一个比另一个强烈重要 |
| 9 | 表示两个因素相比，一个比另一个极端重要 |

此外，可以根据情况取 1，3，5，7，9 之间的中值，并且 $b_{ij}=1/b_{ji}$。

3. 权重计算

根据已建立起来的判断矩阵，可以求解得到最大特征根和其对应的特征向量。求解的方法有幂法，以及其他更为简便的近似求解法，例如求和法、方根法等。经过归一化处理的特征向量也就代表了各指标对上一层因素影响大小的权重。本书中使用的方法是利用 MATLAB 编程求解特征根和特征向量，并对特征向量进行归一化处理。

4. 一致性检验

一致性检验的目的是检验判断矩阵的可靠性。由于专家构造的比较矩阵与理论比较矩阵有一定误差，专家构造的比较矩阵最大特征根 $\lambda_{\max}$ 不一定等于判断矩阵的阶数，故需要检验这种误差。将 $\lambda_{\max}$ 与 $n$ 的相对误差定义为比较矩阵的一致性指标 $CI$，则

$$CI = \frac{\lambda_{max} - n}{n - 1} \qquad (3\text{-}20)$$

当 $\lambda_{max}=n$ 时，$CI=0$，此时 $n$ 阶比较矩阵具有完全一致性。考虑到评价者的认识偏差，定义一致性比率 $CR$ 为

$$CR = \frac{CI}{RI} \qquad (3\text{-}21)$$

其中，$RI$ 为平均随机一致性指标，由表 3.4 查得。当一致性比率小于 0.1 时，认为比较矩阵具有满意的一致性，若 $CR \geq 0.1$，则需要对判断矩阵进行调整，使之满足一致性条件。

**表 3.4　平均随机一致性指标**

| 阶数 $n$ | 1 | 2 | 3 | 4 | 5 | 6 | 7 | 8 | 9 |
|---|---|---|---|---|---|---|---|---|---|
| $RI$ | 0.00 | 0.00 | 0.58 | 0.89 | 1.12 | 1.26 | 1.36 | 1.41 | 1.45 |

# 3.7　海底管道溢油可能性与后果的综合评价

本书中，溢油可能性与溢油后果均采用多级模糊综合评价法，因此对于一段管道，最终能够得到两个分别关于溢油可能性与溢油后果的值。溢油风险需同时考虑溢油可能性与溢油后果，因而本书采用风险矩阵法对溢油可能性与后果进行一个综合的评价，如表 3.5 所示。

**表 3.5　海底管道溢油风险矩阵**

| 风险等级 | | 溢油后果 | | | | |
|---|---|---|---|---|---|---|
| | | [10,25) | [25,45) | [45,60) | [60,80) | [80,100] |
| 溢油可能性 | [10,25) | 低 | 低 | 低 | 中 | 中 |
| | [25,45) | 低 | 低 | 中 | 中 | 中 |
| | [45,60) | 低 | 中 | 中 | 高 | 高 |
| | [60,80) | 中 | 中 | 高 | 高 | 高 |
| | [80,100] | 中 | 高 | 高 | 高 | 高 |

当风险等级处于"低"时，通常不需要采取额外的风险降低措施，风险通过现有的措施来控制；当风险等级处于中时，必须落实降低风险的程序和控制措施，遵循最低合理可行 ALARP 原则；当风险等级处于"高"时，必须立即执行临时缓解、控制措施，并采取管理性措施或可行的工程措施作为长期解决方案。

# 3.8　本章小结

　　为了建立海底管道溢油模糊综合评价体系，本章首先介绍了故障树分析方法，进行风险辨识，找出影响海底管道溢油的最关键因子，帮助建立模糊综合评价的指标体系。紧接着介绍了模糊数学的基本原理，重点介绍多级模糊综合评价的方法，采用层次分析法计算风险因素权重。并确定了溢油可能性与后果的评价集合，以及综合的风险矩阵，为后面章节中对海底管道溢油风险评价提供了有效可行的方法。

# 第4章 海底管道溢油风险指标体系

## 4.1 海底管道溢油可能性指标体系

在前面的章节中，我们已经分析过了引起海底管道溢油的五大因素，分别是第三方破坏、腐蚀、疲劳、自然力和误操作。因而在溢油可能性指标体系中，将这五个因素作为溢油事故的一级指标，并根据故障树的分析结果建立可能性指标体系（图4.1），每个因素都从两个方面考虑：可能造成溢油的因素以及能预防溢油的措施。

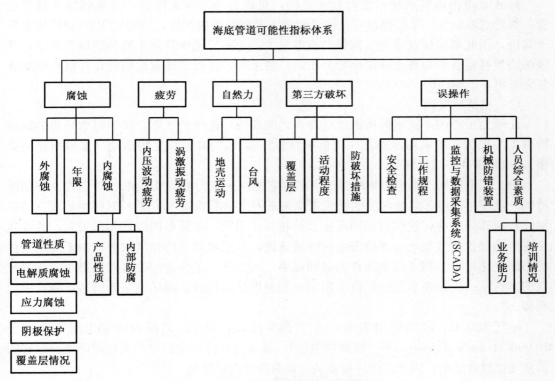

**图4.1 海底管道可能性指标体系框图**

其中疲劳项的下级指标中，涡激振动疲劳根据有无检测有不同的指标体系。当有检测时，下级指标为悬跨程度和缓解措施；无检测时，下级指标为年限。

指标体系中最困难、需耗费大量精力的即确定最底层指标中各指标的元素集，也就是每一个指标下可能出现的所有情况。由于整个的评价体系是对一条未知的管道进行评价，因而需要穷举所有的情况，然而由于大部分的指标都无法用一个定量的值或者是模型去模拟评价，这显然是不可能实现的。并且有些指标受到多方面、复杂的非线性影响，很难再向下进行模糊评价。因而为了合理评价，就需要采用合适的方式去考量这些指标，去界定指标下的每一种情况，使之尽量合理地区分并涵盖这个指标的内容。在本书中很多时候采用的方法都是打分法，不再向下继续进行因素的模糊评价，而是给影响指标的多方面因素打分。而对于一些可以定量衡量的指标也是分为几类，便于评价。

### 4.1.1　腐蚀指标

1.外腐蚀

海底管道长期处于海水之中，而海水是一种非常强的电解质溶液，形成一种强烈的腐蚀环境，因而海底管道极易遭受电化学腐蚀。电化学腐蚀就是在电解质溶液中，金属管道表面由于失去离子而腐蚀。除了电化学腐蚀之外，暴露在大气中的立管段易遭受大气腐蚀，海水部分的管道还常常遭受化学腐蚀和微生物腐蚀。

（1）管道性质

海底管道根据其所使用的材料和结构，可以分为海洋柔性管、纤维缠绕增强复合管、普通双层钢管、单层保温管。由于管道本身材料的腐蚀性，钢相比于PE材料等更易于腐蚀，因此单层保温管发生腐蚀的概率最大，而海洋柔性管发生腐蚀的概率最小，纤维缠绕增强复合管与普通双层钢管介于这二者之间，并且普通双层钢管比纤维缠绕增强复合管更易于腐蚀。

（2）电解质腐蚀

此项为了考虑不同电解质也就是海水之间腐蚀可能性的区别。影响海水环境的腐蚀特性的主要因素有：海水温度、溶解氧含量、盐度、pH值和生物活动（如硫酸盐还原菌）、电阻率和海流流速等。

由文献中得知：影响平均腐蚀速率的因素主次关系为溶解氧＞pH值＞盐度＞生物附着物＞温度；而局部腐蚀深度的因素主次关系为生物附着物＞温度＞pH值＞盐度＞溶解氧。在海洋环境中，这些腐蚀因素往往是相互作用的，非简单的线性相关关系，若非建立完善的评价模型很难去评价海水的环境腐蚀。且从电解质的角度来看，由于海底条件的不断变化，埋地和非埋地条件的区别很小，所以这一条件之间的区别也很小。这里采取的方法是：仅粗略定性地根据电阻率去划分电解质特性，将环境分为腐蚀性强、中等和弱。

小于 500 $\Omega \cdot cm$ 为低电阻率；介于 500~10 000 $\Omega \cdot cm$ 之间为中等电阻率；大于 10 000 $\Omega \cdot cm$ 的为高电阻率（低腐蚀电位）。通常将海洋环境评定为低电阻环境，这样的评定是比较合适的，因此海洋环境被认为是腐蚀性强的环境。

（3）应力腐蚀

应力腐蚀又称机械腐蚀，是指金属材料或结构在承受静态或准静态拉伸应力与腐蚀介质的共同作用下而引起破裂。无论在管道内部还是外部，如果应力水平较高，并且有腐蚀环境存在，那么就会产生应力腐蚀裂纹。一般而言，含碳较高的钢铁更易于出现应力腐蚀裂纹。海水对于金属来说是一种强腐蚀性外环境，管输产品中的单相流、多相流及其腐蚀性成分构成腐蚀性内环境，海底管道的高应力水平也是十分普遍的现象，因而具备出现应力腐蚀的基本条件。在缺乏历史数据的情况下，管道对于这种有时候具有异常破坏机理的敏感性应依据可能增进SCC进程的各种识别条件进行判别。

应力腐蚀包括：氢应力腐蚀裂纹（HSCC）、硫化物应力腐蚀裂纹（SSCC）、氢诱发开裂（HIC）或氢脆化、腐蚀性疲劳、还有侵蚀等。就广义的SCC机理而言，主要分为两大类：氢致开裂或氢脆裂理论，该理论中，认为氢在应力腐蚀破裂起了重要作用；阳极溶解型应力腐蚀——活性通路理论。而就SCC的类型而言，分为高pH值和近中性pH值SCC。近中性SCC的发生于管道温度无明显关联，pH在5.5~7.5之间。裂纹较宽，开裂面上存在明显腐蚀。发生机理认为是阳极溶解及氢致开裂交互作用引起的。高pH值SCC随温度下降，增长速度呈指数下降。pH值在9以上，破坏形态裂纹窄，没有开裂面腐蚀的证据。破坏机理认为是保护膜破裂－阳极溶解机理。

最主要的影响因素：

①应力。管道内部压力提供了很大一部分的应力，所有的管线都处于一定大小的应力之下，在高压状态下运行的管道对于SCC具有更高的敏感性。除此之外，管道还承受残余应力、热诱导应力和弯曲应力等，均会影响管道整个的应力水平。为了简化起见，仅把其中影响最大的管道内部压力作为考虑因素。

②环境。这与海水环境与输送产品腐蚀性相关。

③钢铁种类。SCC是一种脆性破坏，含碳量更高的钢铁对SCC更加敏感。具有低断裂韧性的低塑性材料对应力腐蚀裂纹更敏感。

这里仅使用前两个因素来列出评分表，如表4.1所示。

**表4.1 应力腐蚀指标分类等级**

| MAOP<br>环境 | <60% | 61%~75% | 76%~90% | >90% |
|---|---|---|---|---|
| 0 | C | D | E | E |
| (0,4] | B | C | D | E |
| (4,9] | B | B | C | D |
| (9,14] | A | A | B | C |

表格中的A，B，C，D，E分别表示应力腐蚀指标中的5个元素，也就是代表了5种情况，为简单起见，仅将这5种情况涵盖所有的应力腐蚀。

环境评分为输送介质的腐蚀性与海水环境腐蚀性评分之和。输送介质腐蚀性将在下一节的产品性质中具体介绍到。评分如下：强腐蚀：0分；轻微腐蚀：3分；仅在特殊条件下出现腐蚀性：7分；不腐蚀：10分。海水腐蚀性评分：由于海水已经被评定为属于腐蚀性强的介质，这里直接给出评分0分。赋分的原则是对具有高风险的项赋予低分，对于相对安全的赋予更高的分。后面的赋分都是基于这个原则。

"MAOP"的含义为最高正常操作压力与最大允许操作压力之比。

（4）阴极保护

为了防止海水腐蚀，在海底管道中，通常每隔一段固定的距离就会安装一个阳极，或者使用电流整流器给管道外部施加电流。阴极保护从效果监控和使用年限这两个方面来进行评价。

①阴极保护的效果监控

通过测量管道相对于水中的银或者硝酸银参比电极的电压来对阴极保护的效果进行监控。阴极保护系统的效果至少应每年监测一次。外加保护电流系统及干扰连接线应当每隔两个月监测记录一次。若满足此条件，定期监测，确保阴极保护系统处于良好状态，此时可得最高分5分。若监测时间间隔长，无法确保阴极保护系统的运行状况，则根据情况给出0~4分。

②阴极保护的使用年限

若阴极保护还在设计的使用期限内，则得2分。若已超过设计使用期，则得0分。若不存在阴极保护，则直接赋0分。

最终阴极保护指标等级，如表4.2所示。

**表4.2　阴极保护分类等级**

| 得分 | 0,1 | 2,3 | 4,5 | 6,7 |
|---|---|---|---|---|
| 等级 | D | C | B | A |

（5）覆盖层状况

通常，海底管道在外层都会包裹一层混凝土包覆层，这层包覆层越完整就越能有效地阻止海水与管道的接触，达到预防腐蚀的作用。根据混凝土包覆层质量、检查质量、缺陷修补质量来评价覆盖层状况。

①混凝土包覆层质量

完整性较好，基本没有裂纹，没有脱落，最高可得3分，根据情况给出0~3分。

②检查质量

检查频率高，沿管道检查细致，最高可得3分，根据情况给出0~3分。

③缺陷修补质量

缺陷修补质量好最高得3分，无修补得0分，根据情况给出0~3分。

最终覆盖层指标等级，如表4.3所示。

**表4.3　覆盖层分类等级**

| 得分 | [0,2) | [2,5) | [5,8) | [8,10] |
|---|---|---|---|---|
| 等级 | D | C | B | A |

2.内腐蚀

由管道内部产品的腐蚀性造成的管内壁腐蚀是海底管道常见的一种威胁。这种腐蚀活动是由产品流中的杂质所致的，例如海底天然气流中的海水。在天然气中一些常见的能够加速腐蚀的物质成分有二氧化碳、氯化物、二氧化硫、硫化物、有机酸、氧气、游离水、固体物或沉淀物等。另外，可能在管线中存在一些能加重腐蚀的微生物，例如硫酸盐还原菌、厌氧菌等。

对于钢制管道而言，很容易被油气产品中所含的硫化物、水、氯化物、氧、二氧化碳和硫化氢等腐蚀性物质腐蚀；而非钢制的管道会不时地遭受环境破坏的影响；聚乙烯管道易受到烃类物质的侵害。

（1）产品性质

产品性质按如下标准分类。

A：不腐蚀，输送产品与管材相适应。且不含有腐蚀性杂质。

B：仅在特殊条件下出现腐蚀。产品在正常情况下是无危险性的，但是在一些情况下，可能将有害成分引入产品中。例如在输送前将甲烷的某些天然组分消除，然而当设备发生故障时就有可能使杂质进入管道。

C：轻微腐蚀，输送产品可能伤及管壁，但腐蚀进程缓慢。若不知道输送产品的腐蚀性，则默认归入此类。

D：强腐蚀，当输送产品与管道材质完全不相容，即输送产品对管材有着急剧且具破坏性的腐蚀，例如卤水、含有硫化氢的产品以及许多酸性化合物对于钢制管道而言。

（2）内部防腐

常采取一些防腐措施来减少或消除这一腐蚀隐患，一般评价标准有：无措施，管内腐蚀监控，注入缓蚀剂、杀菌剂和除氧剂，管内涂层；管线清管等。首先根据它们的有效性进行打分。

①无措施

管道与输送产品并不相适应，却没有采取任何措施来减少管道内部可能出现的腐蚀，赋0分。

②管内腐蚀监控

管内常用的监控方法有：用可连续传输电气测量信号的探测器检测管道腐蚀迹象；在输送产品中用取样器进行定期取样测试其实际的腐蚀程度。总而言之，有一套定义明确的监控、测试数据程序，并能对监控程序的分析采取适宜的行动措施，此时可得2分。根据情况给出0~2分。

③注入缓蚀剂

根据腐蚀机理，定期注入相应的缓蚀剂以抑制输送产品与管道之间的反应。例如为防止氧同管壁发生反应，加入"氧净化剂"去化合输送产品中的氧元素。除注入缓蚀剂之外，为缓和微生物活动带来的腐蚀还可注入生物灭杀剂。缓蚀剂的效力通常需要内部监控程序进行查实。给此项评分时，确信注入的缓蚀剂、生物灭杀剂有效时，可得4分。根据情况给出0~4分。

④管内涂层

将管道与输送产品用与产品相适应的材料隔开，防止潜在的腐蚀损坏。例如对于钢制管道，常见的隔离材料有塑料、橡胶或陶瓷等。当管道涂层与目前环境相适应，并且质量良好，经常检查维修，可得5分。根据情况给出0~5分。

⑤定期清管

清管器是具备清理管道内壁、隔离输送产品、收集数据等功能的圆筒形物体，它能够在管内移动以达到功能要求。使用测量清管器检测管道内部情况已经是一项非常成熟的技术，定期使用清管器清除掉潜在的腐蚀性物质，这种方法也已被证明能有效地缓解管内腐蚀。给此项评分时，确信清管运作确实在管道中清除腐蚀物方面是有效的，此时可得3分。根据情况给出0~3分。

⑥运行方式

也可使用某些运行手段来防止杂质进入。输送介质一般在进入管道之前会经过脱水和过滤使杂质分离。除此之外，脱去输送流体中的酸性气体也是一种有效抑制管内腐蚀的方法。为抑制腐蚀而保持系统在某一恒定温度，同样是一种有效的运行方式。确信所采取的运行方式有效，可得3分。根据情况给出0~3分。

⑦不需要采取措施

不需要采取措施的场合，即不存在合理腐蚀的可能性。若输送产品与管材相适应，也就不需要采取措施。这种情况下可以直接给出最高评分20分。

将所有措施的得分相加，得最终内部防腐指标等级，如表4.4所示。

**表4.4　内部防腐分类等级**

| 得分 | [0,3) | [3,6) | [6,10) | [10,15) | [15,20] |
|------|-------|-------|--------|---------|---------|
| 等级 | E | D | C | B | A |

3.年限

对于一条管道而言，腐蚀深度与时间成正比。因此，针对不同年限的管道，将给出不同的评价结果。大多数管线系统的有效使用寿命为30~50年。表4.5给出了年限对应的分类等级。

**表4.5　年限分类等级**

| 年限 | [0,3) | [3,6) | [6,10) | [10,15) | [15, ∞) |
|------|-------|-------|--------|---------|---------|
| 等级 | A | B | C | D | E |

## 4.1.2　疲劳老化指标

疲劳对于部分悬空的海底管道而言，是造成材料破坏的一个最常见原因。疲劳是由于应力重复循环而造成的材料削弱，其削弱程度取决于应力循环的次数与大小。海底油气管道疲劳分为两类：内压波动疲劳和涡激振动疲劳。在管道未裸露前主要考虑内压波动产生的疲劳，而当出现裸露悬空后，它又可能受水流作用，产生涡激振动疲劳。因此，必须把疲劳作为海底管道溢油风险评价的一个重要内容。

1.内压波动疲劳

管道内压波动疲劳主要是由泵、压缩机、调节阀以及管道的清管操作造成的。将内压波动疲劳简化为两个变量，即应力大小和数量。大小用MAOP的百分比来衡量，即最高正常操作压力与最大允许操作压力之比；数量用使用期内的循环次数来表示。然后根据两项的相互作用按表4.6来评分。

**表 4.6　内压波动循环分类等级**

| MAOP/% | 使用期内的循环次数 | | | | |
|---|---|---|---|---|---|
| | $<10^3$ | $10^3 \sim 10^4$ | $10^4 \sim 10^5$ | $10^5 \sim 10^6$ | $10^6 \sim 10^7$ |
| 100 | C | D | E | F | F |
| 90 | B | D | E | F | F |
| 75 | B | C | D | E | F |
| 50 | A | C | D | E | E |
| 25 | A | B | C | D | E |
| 10 | A | B | C | D | D |

2. 涡激振动疲劳

由于海床表面的凹凸不平，海流和海浪运动对管道附近土壤长期的冲刷、掏蚀作用以及管道残余应力或变形等因素的影响，海底管道在铺设于海床表面以后，都会不可避免地出现悬跨现象。暴露在水中的海底管道自由跨度会随着漩涡流造成的高压区和低压区的交替变化而产生振荡。当漩涡泄放频率接近悬跨管道自振频率时，尾流漩涡泄放频率会固定在结构自振频率附近，而不按其本身频率泄放，即频率"锁定"。频率"锁定"会使悬跨管道出现横向振动，并可能发生"共振现象"。

振荡的范围取决于管径、质量、水流速度、悬跨长度等。这种运动会对管道造成疲劳载荷。对于涡激振动疲劳的评价从两个方面出发，一个是涡激振动发生可能性，另外一个是缓解措施。悬跨是发生涡激振动疲劳的一个必要因素，考虑到国内管道很多都暂时没有悬跨的检测，因此涡激振动疲劳分为有检测与无检测两种情况。

无检测时按管道年限评价涡激振动疲劳，如表 4.7 所示。

**表 4.7　涡激振动疲劳年限分类等级**

| 年限 | [0,3) | [3,6) | [6,10) | [10,15) | [15, ∞) |
|---|---|---|---|---|---|
| 等级 | A | B | C | D | E |

有检测时按悬空程度和缓解措施两方面评价。

（1）悬空程度

当空气或液体流过筒体时，会在筒体后面形成涡流，如图 4.2 所示。涡流的方向有一定的周期性，频率为

$$n = \frac{S_t \cdot v}{D} \tag{4-1}$$

其中，$S_t$ 为斯托罗哈数；$v$ 为流体流速；$D$ 为管道直径。

由于涡流方向的交替，在圆筒上作用着垂直于水流方向的交变力。当悬跨长度短时，交变力还不足以使该管段从稳定的平衡状态变为不稳定状态，随着悬跨的增长，管线的刚度不再能抵抗交变力的作用，管线就开始做垂直于水流方向的运动。当漩涡泄放频率接近结构某阶固有频率时，结构振动将迫使漩涡泄放频率在一个较大流速范围内固定在结构固有频率附近，而不再符合上述的斯托罗哈关系。在锁定区流速范围内，漩涡

强度增大,升力明显增大,结构振动幅值突然提高。漩涡泄放频率接近结构固有频率而使结构发生较大的振动,这种现象即共振现象。

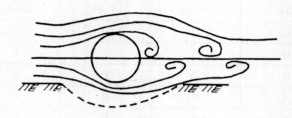

**图4.2　涡流的产生**

一般认为,当管道自振频率为尾流漩涡泄放频率的0.7~1.3倍时,共振现象可能发生。而根据海底管道实际在位调查,管道涡激振动多发生在共振前区。当 $f_p > \dfrac{f_s}{0.7} = \dfrac{S_t U_c}{0.7D}$ 时,可以避免共振现象的发生,其中 $U_c$ 为流经管道中心位置的潮流速度。此时对应的长度为管道避免发生共振所允许的最大悬跨长度。

简支:

$$l < \frac{1}{2}\sqrt{\frac{\pi D}{S_t U_c}\sqrt{\frac{EI}{M_p}}} \tag{4-2}$$

固支:

$$l < \frac{3}{4}\sqrt{\frac{\pi D}{S_t U_c}\sqrt{\frac{EI}{M_p}}} \tag{4-3}$$

其中, $U_c$ 为垂直于管道的流速; $D$ 为管道外径; $EI$ 为管道抗弯刚度; $M_p$ 为管线单位长度质量; $S_t$ 为斯托罗哈数,是雷诺数和结构截面形状等参量的函数,通常通过实验获得。

实际的海底管道悬跨两端约束往往处于简支与固支之间,且支撑状况也可能随海水的冲刷、腐蚀而改变。根据悬跨实际状况,或直接偏保守地认为悬跨是简支支撑。

根据以上的分析,就为如何评估悬跨程度提供了一种理论支持。当悬跨结构的自振频率与涡激振动频率相当,即管线悬跨长度与共振所允许的最大悬跨长度 $l_c$ 相等时,就有可能发生共振。因而当悬跨长度越接近最大允许悬跨长度,越有可能发生涡激振动疲劳破坏,因而将悬跨长度与最大允许悬跨长度的关系作为评价悬空程度的标准,可按表4.8评价。

**表4.8　悬空程度分类等级**

| 悬空程度 | $l=0$ | $0<l\leq0.2l_c$ | $0.2l_c<l\leq0.5l_c$ | $0.4l_c<l\leq0.8l_c$ | $l>0.8l_c$ |
|---|---|---|---|---|---|
| 等级 | A | B | C | D | E |

（2）缓解措施

当管道一旦发现有悬跨的存在时,应及时采取措施,从而保障海底管道的安全运行。例如用砂袋或水泥砂浆袋填塞、对管线进行打桩加固等维护方法,能够大大改善管线的状况。由于针对悬跨管段的保护措施非常多,为简便起见,根据保护措施的有效程度，按如下标准进行分类。

A：暂没有检测出悬跨的存在。

B：保护措施保护效果突出，保护稳固，不易再受冲刷影响，如打桩稳管、打桩加套管等。

C：保护措施保护效果一般，能够在一定程度上防止水流冲刷管道，如压石笼稳管，石笼阻水且上下游保护范围有限，水流会继续淘空，不利于管道安全。

D：保护措施保护效果较差，锚固作用很有限，仍受冲刷威胁，如加混凝土锚固墩稳管，由于锚固墩在非岩基上，受冲刷自身不安全，而振动又可能使嵌固处管道断裂。

E：有悬跨但并未采取保护措施。

实际操作时，根据有效措施的有效性，在A，B，C，D，E中选择有效性类似的保护措施进行归类。

### 4.1.3　自然力指标

自然力主要包括地壳运动和台风作用。

1. 地壳运动

地壳运动主要指的是地震。我国海域分布在亚欧板块与太平洋板块之间的洋壳与陆壳过渡带，地震构造复杂，且发生频繁，海洋地震占所有地震的85%。我国近海域是近海地壳向水下自然延伸，属于大陆架浅海。地质工作者根据所测得的地震、重力、地磁等资料，计算出我国海域的陆壳厚度为30~40 km；而洋壳厚度仅为5~10 km。

然而除了地震之外，地壳运动还包括塌方、下沉、滑坡以及其他类型的地壳运动。对于刚性管道而言，由于其更易受到剧烈的破坏而断裂，因此需要在评定之后对其进行一个等级的提升。例如已判定地壳运动可能性为中，则刚性管道地壳移动可能性被评定为高，且刚性管道不存在将可能性定为低的情况。地壳运动可能性需根据历史记录，按照如下方式评价。

A：没有迹象表明可能会出现任何具有威胁性的地壳运动事件。

B：历史上地壳运动的迹象很少，且从未发生过破坏性的事件，或者由于管道受到很好的保护而几乎不存在受这些事件影响的可能性。

C：历史上存在地壳运动的迹象，但破坏性不强，或是由于管道的深度和位置，很少或不太可能对管道造成影响。

D：历史上记录过多起造成严重后果的地壳运动；能够看到有规律的断层活动、塌方、下沉、滑坡以及其他类型的地壳运动。

2. 台风

2008年的台风"风神"，使得惠州19-2和惠州19-3海底管道相继出现泄漏，造成油田停产。热带气旋是发生在热带或副热带广阔海面上的一种气旋性涡旋，这种涡旋依强度可分为热带低压、热带风暴、强热带风暴、台风、强台风和超强台风。本书中的台风是指强热带风暴及其强度以上的热带气旋，是一种极具破坏力的自然灾害。中国地处西北太平洋西岸，是全球热带气旋最活跃的地区，年生成总数基本均超过20个，个别年份高达40个，如此活跃的台风对于海底管道而言是一个巨大的威胁。

根据当地海域的气象统计数据来确定台风的可能性大小。

　　A：历史上几乎没有发生过台风。

　　B：历史上有过台风记录，但没有发生过破坏性台风。

　　C：历史上曾发生过破坏性台风。

　　D：台风发生频率高，几乎每年都有台风发生，且破坏性极强。

### 4.1.4　误操作指标

　　将误操作的评价对象限定在管道操作人员自身的失误上，而不包括公众对管道的蓄意破坏。从管道全生命周期管理的定义来讲，误操作评价应贯穿设计、施工、运行及维护阶段。而对于已工作的海底管道，其溢油风险评价则侧重于运行及维护阶段的管理体系建设、维护规程、培训及检查规范等。

　　1.安全检查

　　安全检查在其他指标中虽然也有所体现，但这里的安全检查指的是作为管道日常运行的工作进行的检查。日常检查表明更主动，而不是被动操作。安全检查包括（但不限于）包覆层状况检查、清管器探测管道变形、海域环境、覆盖层深度探测、温度检测、泄漏检查等。根据安全检查的频率，分成几个等级，做出不同的评价。

　　安全检查分为四等。

　　A：全面正规、频率高。

　　B：对关键部件检查的频率较高。

　　C：检查随意性大，频率较高。

　　D：检查不规范、频率低。

　　2.　工作规程

　　严格的工作规程限制了操作的可变性。工作规程应包括（但不限于）阀门维护规程、安全装置检查及校准规程、管道启停规程、泵操作规程、输送产品切换规程、流量计规定规程、管道用地维护规程、仪表设备技术维护规程、参数变化的管理规程等。这些规程应规定操作过程中一些最关键的内容，包括关键设备的启停、阀门的控制、流量参数的变化以及仪器仪表的停用等。

　　评价者应该查明管道操作方是否具备已成文且涵盖了管道运行操作的各方面的工作规程，并调查确认这些规程是否得到了有效的执行，并且随着时间一直不断地对它们进行审查和修正。所采取的方法可以是查看操作人员是否有检查表以及相关规程的副本。

　　工作规程分为五等。

　　A：全面正规、良好执行、定期审查修正。

　　B：对关键操作环节有制定规程、执行良好、定期审查修正。

　　C：对关键操作环节有制定规程、但执行不严格、审查修正间隔久或没有。

　　D：规程制定随意，执行良好。

　　E：规程制定随意，执行差。

　　3.远程监控及数据采集系统

　　远程监控及数据采集系统即远程监控及数据采集系统（SCADA）是由调控中心通过数据通信网络对远程站点的运行设备进行监视和控制，以实现数据采集、设备控制、测量、参数调节以及各类信号报警等功能的控制系统。该系统主要由远程终端设备、主站计算机（包括硬件和软件）、操作人员数据显示（监控终端）和外围设备等部分组成。该系统是一个将仪表、计量、检测及各类可远程控制的阀门通过结合在一起的分级控制系统。远程监控及数据采集系统既能用于传输管道沿线各个站点的运行数据，例如压力、流量、温度、输送产品组分等，同时在必要的时候还能传输调度控制中心下达的各站点远程监控阀门、泵的信号。

远程监控及数据采集系统提供给管道操作者一个观察管道运行状况的视窗，并使操作者在进行操作之前能够进行有效的磋商，而避免由于个人的判断失误而导致错误的操作。要使远程监控及数据采集系统发挥有效的作用，关键点在于操作现场与控制中心之间能否设置有效的双向沟通通道。远程监控及数据采集系统按如下标准分类。

A：控制中心与现场设置了沟通双通道，且有严格的规程规定需要进行沟通的情况。

B：控制中心与现场设置了沟通双通道，但并没有规程规定需要沟通的情况。

C：控制中心与现场并未设置双通道。

D：无远程监控及数据采集系统装置。

4.机械防错装置

机械防错装置是为了防止误操作的出现而设置的特殊的装置，主要装置包括以下几项。

（1）三通阀

三通阀有一个进口和两个出口，关闭一个出口则另一个出口会自动打开。三通阀可以保证当两个出口都安有压力开关时，总有一个压力开关可以工作。根据三通阀的状态，给出0~4分。

（2）锁定装置

锁定装置能有效地引起管道操作人员的注意，提醒他是否该进行此操作。根据锁定装置的特点，能引起注意的程度，给出0~2分。

（3）键锁定指令程序

键锁定指令程序属于防错电子装置。当操作规程中要求几个操作必须按照一定的顺序实施，否则会产生不利后果时，则可以采取键锁定指令程序。根据情况，给出0~2分。

（4）计算机许可

借助图形编程语言编制软件程序，用计算机预防不当操作，通常安装在现场或远程控制的计算机内。除了计算机以外，一些简单的电磁开关也可以达到同样的效果。例如，当阀门两端压力没有达到允许的范围，则阀门不会打开。根据有效性，给出0~2分。

（5）关键器械的醒目标志

对关键器械做出特别的区别，以警醒操作人员，让其在操作之前注意到关键器械从而重新考虑其操作。根据关键器械的醒目程度，给出0~1分。

（6）该管段不存在人为失误的可能性

不需要任何防错装置，直接授予最高11分。

根据以上内容可得出工作规程的总分，按表4.9进行分类。

表4.9　工作规程分类等级

| 得分 | [0,2) | [2,5) | [5,8) | [8,11] |
|---|---|---|---|---|
| 等级 | D | C | B | A |

5.人员综合素质

（1）业务能力

人员的业务能力可以由两部分组成，一部分是水上服务时间，另外一部分是受教育程度。根据这两部分的评分，分为不同的业务能力等级，然后做出评价，见表4.10。

**表4.10　水上服务时间和受教育程度评分**

| 得分 | 0分 | 3分 | 6分 | 10分 |
|---|---|---|---|---|
| 水上服务时间 | 0~2年 | 3~5年 | 6~10年 | 10年以上 |
| 受教育程度 | 高中以下 | 高中或同等学力 | 大学专科 | 大学本科及以上 |

最终的业务能力评分为

$$业务能力评分 = 0.65 \times 水上服务时间评分 + 0.35 \times 受教育程度评分 \tag{4-4}$$

按表4.11分类。

**表4.11　业务能力分类等级**

| 得分 | [0,2) | [2,5) | [5,7) | [7,10] |
|---|---|---|---|---|
| 分类等级 | D | C | B | A |

（2）培训情况

对于不同的工作性质的人员制定不同的培训计划，培训内容应包含基本的岗位操作培训，即控制、操作及维护培训；除此之外，还应对产品特性、管线材料应力、管道腐蚀等知识进行通用性基础知识培训。根据不同程度受培训的情况，对人员培训情况做出评价。

①岗位最低要求

一名管道操作工在没有被证明具备上岗所需要的基本知识时，不能允许其上岗操作。因而必须有文件对各个岗位员工进行最低要求的陈述。若具备且得到了执行，则可给出2分。根据情况，给出0~2分。

②通用科目

通用科目指的是全体管道员工都必须具备的通用性基础知识，例如对于产品特性的了解、管线材料失效的特征、管输产品是如何运输与控制、仪器仪表何时需要维修等。有全面的通用性科目培训可给出2分。根据情况，给出0~2分。

③岗位操作规程

岗位操作规程的培训应当是培训中的重点。需要让每个岗位的员工明确自己的职责所在，有关管线操作的各个方面都必须制定操作规程并定期修订，进行培训。根据是否有明确全面的岗位操作规程，给出0~2分。

④定期再培训

若有定期再培训，则可再加1分，无定期培训或定期培训间隔时间很长，该项不得分。

将上述得分进行综合得到一个总的得分，按表4.12分类。

**表4.12　培训情况分类等级**

| 得分 | [0,2) | [2,4) | [4,6) | [6,7] |
|------|-------|-------|-------|-------|
| 分类等级 | D | C | B | A |

### 4.1.5　第三方破坏指标

第三方破坏是指非管道公司工作人员对管线系统造成的任何意外破坏活动，不包括任何蓄意破坏行为，也不包括管道工作人员的意外损坏行为。这里的管道工作人员指的是狭义的管道工作人员，仅指在所评价的管道上工作的人员。操作平台以及在其他管道上的工作人员的活动所引起的破坏，均属于第三方破坏。

1.覆盖层

覆盖层在海底管道中实际包括海水覆盖层、海底埋藏深度和针对具体管道的各种特殊防护措施。覆盖层的厚度随着时间的增加一直处于变化中，需要进行纵断面观察才能确定覆盖层的厚度。

（1）水深

通常随着海水深度的增加，对管道可能造成危害的活动数量就会减少。水深在0~10 m，得0分；在10~20 m，得2分；20 m以上，得4分。

（2）海底埋藏深度

海底覆盖层为防止损害提供了一道天然屏障。埋藏深度在0~0.6 m，得0分；0.6~0.9 m，得2分；0.9~1.5 m，得3分；1.5 m以上，得4分。

（3）混凝土防护层

无混凝土防护层或混凝土防护层在2.5 cm以下，得0分；有2.5~5 cm混凝土防护层，得2分；5 cm以上混凝土防护层，得3分。

（4）其他附加保护层

附加保护层能减少漂流的碎片和水流所构成的威胁，按照不同的保护措施有抛石、岩石覆盖层、混凝土构造物、金属笼、锚固等。存在附加保护层，可得2分。

根据覆盖层的综合得分，按表4.13分类。

**表4.13　覆盖层厚度分类等级**

| 得分 | [0,3) | [3,6) | [6,9) | [9,13] |
|------|-------|-------|-------|--------|
| 分类等级 | D | C | B | A |

2.活动程度

在本指标中，评价者需要对发生在管道附近且对管道具有潜在的损害行为的可能性进行评价。可能对管道造成损坏的活动有：拖网、捕鱼、抛锚、平台作业、挖掘、水下爆破等，具体从下面几个方面评价。

（1）通航密度

往来的船舶活动越频繁，就越可能增加管道受损的机会，通航密度可定性地分为船运频繁、存在一些船只往来活动、很少有或没有船只往来、完全没有船只往来。

（2）渔业活动

捕鱼活动中存在抛锚、拖网和有一定破坏力的机械设备等行为，可对管道安全构成威胁。其可分为：捕鱼区，会使用一些具有一定破坏力的设备；捕鱼区，会使用一些具有一定破坏力的设备，但使用的设备基本不会造成威胁；非捕鱼活动区。

（3）施工作业区

管道附近的施工作业对管道而言是一种潜在威胁，可分为存在施工作业活动和不存在施工作业活动。

（4）挖沙地区

挖掘活动显然对管道而言是一种巨大的威胁，可分为存在挖掘泥土行为地区和不存在挖掘泥土行为地区。

（5）锚泊地区

考虑到抛锚的位置总是存在很大的不确定性，即便不在管道上方直接抛锚仍旧有破坏管道的可能性，因此管道附近的锚泊区域对于管道而言还是很有威胁的。其可以分为：附近有正常的抛锚区，锚重较重，可能造成管道破坏；附近有正常的抛锚区，但偶尔才会出现一些较重的锚；没有船只在此抛锚。

（6）海岸通道附近居民情况

海岸通道和海港通常是活动比较频繁的地区，因而可能发生一些能够造成管道破坏的事件。海岸通道可以分为海岸通道附近有居民、偶尔有人光临的海岸通道、极少有人光临的海岸通道。

（7）历史记录

通常认为曾发生过第三方破坏的地区再次发生的可能性更大，可分为曾经发生过第三方破坏的地区和没有发生过第三方破坏的地区。

（8）其他海底构筑物

由于海底附近其他海底构筑物的存在，必然导致附近有更多的活动，因此增加了管道受损的机会。其可分为：存在其他海底构筑物和不存在其他海底构筑物。

按活动程度最高的一项评分，有如下评分方式。

A：无活动。没有任何潜在的具有破坏性的活动发生，例如在海水极深的地方，可能不存在任何其他的活动。

B：低活动程度。很少或没有船只往来；没有挖掘泥土的行为；没有船只在此抛锚；极少有人光临的海岸通道；受到完全保护的海岸通道。

C：中活动程度。有一些船只往来；捕鱼区，使用大部分设备都不会造成威胁；偶尔有人光临的海岸通道；抛锚区，偶尔会出现一些较重的锚；（破坏力较低的）小型船只的抛锚区。

D：高活动程度。船运频繁；捕鱼区，会使用一些具有一定破坏力的设备；存在施工作业活动；存在挖掘泥土行为地区；附近有正常的抛锚地区，锚重较重可能会造成管道破坏；海岸通道附近有居民；过去曾经发生过第三方损坏的地区；存在其他海底构筑物。

3.防破坏措施

为了防止第三方对管道造成的破坏，教育宣传是其中的一个重要环节。应对有可能造成管道破坏的公众进行宣传教育，包括各类船只的船主、渔民、海下施工队伍以及法律执行机构等。可以向他们提供一些管道线路图，以提醒他们应当给予管道一定的注意，并且对一些团体进行非正式培训，如培养他们对气泡、水面发光等一些暗示管道可能受到损坏的信号提高警觉。特别应当强调管道即便有混凝土的保护，仍然会遭受抛锚或拖网的破坏。

教育宣传的质量可以按如下几方面来分别进行评估

（1）直呼系统

直呼系统是一种通信服务系统，即在收到预定将要进行挖掘活动或抛锚活动的通知后，再通知可能会影响到的海底管道设施。该方案要求任何从事可能对管道造成破坏活动的人员都要与中心情报交换站进行联系，以便使管道拥有者了解活动的详情。联系必须放在各项工作开工之前，否则便没有意义，情报交换站必须掌握所有设施目前的确切位置。恰当的直呼系统方案可减少破坏的可能性。这一方案被证明是有效的时，才可以得到最高分4分，根据情况给出0~4分。

（2）函告或讲座

定期、有效地以听证、讲座等方式向海管附近作业船舶及其他从事有可能破坏海管行为的组织或个人告之危害海管的风险，警示溢油后果。最高可得4分，根据实际效果给出0~4分。

（3）线路图

如果线路图清晰、精度高且散发广泛，就可以有效地使第三方了解管道所在，预防破坏，最高给出2分，根据情况给出0~2分。

根据防破坏措施的综合得分，按表4.14分类。

**表4.14　防破坏措施分类等级**

| 得分 | [0,2) | [2,5) | [5,8) | [8,10] |
|---|---|---|---|---|
| 分类等级 | D | C | B | A |

## 4.2　海底管道溢油后果指标体系

海底管道溢油后果评价指标体系，评价者必须首先确定发生管道泄漏事故之后泄漏产品的状态是气态还是液态。若两种状态均存在，应该对更为严重的泄漏危害加以控制，或者是模拟出气态和液态混合状态下所发生的泄漏过程。按介质种类，输送产品分为输油、输气、混输产品，它们的后果评价是有所差别的。

在多数情况下，海底管道泄漏造成的最严重的影响就是对环境敏感地区的影响。泄漏物的种类、距离敏感地区的距离以及减少泄漏破坏的能力往往决定海底管道的泄漏影响。对于油类的介质，应考虑油品毒性，扩散之后对各类环境例如环境敏感区、海岸线的危害，以及泄漏之后对于泄漏的应急反应，包括围控回收溢油。对于气类的介质，通常而言，它会上升到水面，扩散到空气中去，而并不会如油类介质那般污染环境敏感区、海岸线。因此应当以介质来区分后果评价指标体系。

海底管道溢油后果评价指标体系如图4.3所示。

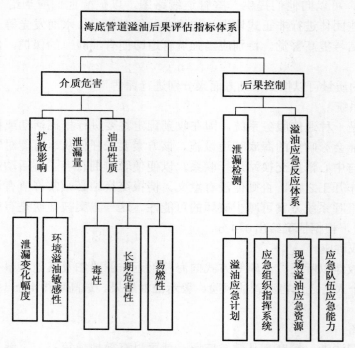

图4.3　海底管道溢油后果评价指标体系框图

## 4.2.1　介质危害

**1. 泄漏量**

溢油事故的污染程度的大小与溢油量密切相关。一般来说，溢油量越大则导致的溢油污染程度越大。泄漏量的计算按照下一章所述的内容，首先根据溢油源确定泄漏孔径，根据公式计算出相应的泄漏量。对应五大溢油源，可以得出各自的泄漏量。而本指标的泄漏量指的是根据五大溢油源，由可能性权重综合得到的最终泄漏量。

溢油量对风险的影响在这里采用定量计算的方式，用隶属度函数去表达。现有研究对溢油量的划分形式有多种，这里采用梯形与三角形结合的形式。按溢油量的等级分为6个大小：0.5 t以下、0.5~2 t、2~10 t、10~50 t、50~250 t、250 t以上。设溢油量为$t$，则溢油量$t$属于溢油危害等级$V_1$（后果极轻）的隶属度函数为

$$U_1(t)=\begin{cases}1 & t\leq0.5\\1-(t-0.5)/1.5 & 0.5<t\leq2\\0 & t>2\end{cases}\tag{4-5}$$

溢油量$t$属于溢油危害等级$V_2$（后果较轻）的隶属度函数为

$$U_2(t)=\begin{cases}1 & t\leq0.5\\(t-0.5)/1.5 & 0.5<t\leq2\\1-(t-2)/8 & 2<t\leq10\\0 & t>10\end{cases}\tag{4-6}$$

溢油量$t$属于溢油危害等级$V_3$（后果中度）的隶属度函数为

$$U_3(t) = \begin{cases} 0 & t \leq 2 \\ (t-2)/8 & 2 < t \leq 10 \\ 1-(t-10)/40 & 10 < t \leq 50 \\ 0 & t > 50 \end{cases} \qquad (4\text{-}7)$$

溢油量 $t$ 属于溢油危害等级 $V_4$（后果重度）的隶属度函数为

$$U_4(t) = \begin{cases} 0 & t \leq 10 \\ (t-10)/40 & 10 < t \leq 50 \\ 1-(t-50)/200 & 50 < t \leq 250 \\ 0 & t > 250 \end{cases} \qquad (4\text{-}8)$$

溢油量 $t$ 属于溢油危害等级 $V_5$（后果极重）的隶属度函数为

$$U_5(t) = \begin{cases} 0 & t \leq 50 \\ (t-50)/200 & 50 < t \leq 250 \\ 1 & t > 250 \end{cases} \qquad (4\text{-}9)$$

溢油量的隶属度函数曲线如图 4.4 所示。

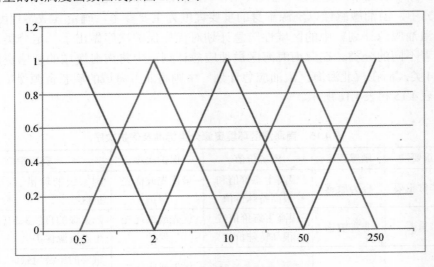

**图 4.4  溢油量的隶属度函数曲线**

2. 扩散影响

（1）液体扩散影响

对于海底管道中比较稳定的液体泄漏，要评价液体的扩散影响最好是使用相关模块去模拟液体的扩散，确定液体在一定的时间内有可能的污染范围。液体扩散影响主要体现在溢油对溢油环境敏感资源的影响。溢油环境敏感资源是指所有可能受到溢油影响的资源，包括生态资源、水产资源、旅游资源、滨海工矿企业等。这些资源可以按照生态资源、人类活动资源和岸线资源划分。生物资源不仅包含溢油敏感生物，而且还包括这些敏感生物的栖息地和各级自然保护区。人类活动资源是指人类开发、利用的所有资源，例如海湾、休闲性海滩、垂钓区、水产站点、渔场、考古历史和文化遗迹等。岸线资源主要通过岸线类型进行分类，其所包含的资源种类既有生物资源，也有人类活动资源。

①泄漏变化幅度

泄漏变化幅度指的是溢油在海水中与水流的混合、运动情况。若溢油混合移动较慢，则更加利于清除回收，污染范围也相对较少；若溢油混合移动快，则将对更大面积的水域造成危害，且不利于回收清除。因此按如下标准分类。

A：泄漏变化幅度低。溢油与海水不可混合，基本保持分离状态，海水能量低，溢油运动幅度小；

B：泄漏变化幅度中等。溢油与海水在一般情况下能发生混合，混合物移动速度相对较慢；

C：泄漏变化幅度高。溢油与海水极易发生混合，高能量的海水和风力有助于溢油的快速扩散。

②环境溢油敏感性

环境敏感资源的溢油敏感性是指溢油及应急反应过程中该资源易遭受破坏的程度，其由三个因素决定：溢油对该种资源的危害性、该种资源受溢油影响的可能性和资源本身的重要性。本研究中，更侧重于生态、水产等自然资源的生态价值。

本研究中，溢油敏感性以资源本身的重要程度为主要参考，确定其敏感程度。《中国海上船舶溢油应急计划》中的区域性应急计划对优先保护次序做出了一定分类，在不同的海域有着不同的分类。在《南海海区溢油应急计划》中将南海海域的敏感资源保护次序共分为4类，而在《北海海区溢油应急计划》中则将北方海域的敏感资源保护次序分为11类，如表4.15和表4.16所示。

**表4.15　南海海区环境资源分类标准及保护次序**

| 分类 | 重要性 | 敏感程度 | 资源价值 | 保护次序 | 资源举例 |
|------|--------|----------|----------|----------|----------|
| A | 非常重要 | 极为敏感 | 很高生态价值和很高特殊价值 | 最优先或优先保护 | 国家级的珍惜、濒危物种保护区 |
| B | 重要 | 非常敏感 | 很高生态价值或很高特殊价值 | 优先或最优先保护 | 国家级的自然保护区、重要的生态资源保护区 |
| C | 次重要 | 比较敏感 | 很高经济价值 | 优先或次优先保护 | 重要的旅游风景区，重要的海珍品养殖区，省市级自然、地貌保护区 |
| D | 一般 | 一般 | 一定生态价值和经济价值 | 需要保护 | 码头设施、滨海工矿企 |

**表4.16　北海海区敏感区和易受损资源的保护次序**

| 敏感区和易受损资源 | 优先保护次序 | 敏感区和易受损资源 | 优先保护次序 |
|--------------------|--------------|--------------------|--------------|
| 自然保护区 | 1 | 湿地 | 7 |
| 饮用水和工业用水 | 2 | 名胜古迹、景观和旅游娱乐场所 | 8 |
| 水产养殖和海洋自然水产资源 | 3 | 农田 | 9 |
| 盐田 | 4 | 各种类型的海岸 | 10 |
| 濒危动植物的栖息地 | 5 | 船舶和水上设施 | 11 |
| 潮间带生物 | 6 | | |

综合考虑各方面因素，将海域的生态环境敏感程度定为四级。

A：一般敏感，例如对于南海海区，码头设施、滨海工矿企属于此类；北海海区各种类型的海岸、船舶和水上设施属于此类。

B：比较敏感，例如对于南海海区，重要的旅游风景区，重要的海珍品养殖区，省市级自然、地貌保护区属于此类；北海海区的湿地、名胜古迹、景观和旅游娱乐场所、农田属于此类。

C：非常敏感，例如对于南海海区，国家级的自然保护区、重要的生态资源保护区属于此类；北海海区的盐田、濒危动植物的栖息地、潮间带生物属于此类。

D：极为敏感，例如对于南海海区，国家级的珍惜、濒危物种保护区属于此类；北海海区的自然保护区、饮用水和工业用水、水产养殖和海洋自然水产资源属于此类。

（2）气体扩散影响

气体泄漏之后，如果气体本身是有毒性产品，那么则有可能危害到任何接触到云团的敏感生物，云团越大，接触机会越大，因此也就意味着更大的风险；如果云团具有可燃性，当云团遇到火源时，就有可能发生火灾或者爆炸事故，同样更大的云团会有更大的遭遇火源的机会，同时也增加了其破坏潜能。并且，若云团具有更大的黏聚性，则将具有更高的危害性。因而，气体云团越大越不易扩散，其危害越大。

对于云团，下面将从两个方面考虑其危害性。首先不考虑云团是否有害，就其自身性质做出考虑，然后再对云团的急剧危害做出考虑。

气体云团的扩散受诸多因素的影响，要准确评价气体扩散，必须要建立管道气体扩散模型，然而于实际情况来说这样做是非常困难的。因此，在这里我们只考虑影响气体扩散最关键的因素去进行评价。

气体云团大小通常用生成速率来确定。因此，评价气体泄漏扩散危害的参数之一即为泄漏率。假设所有的蒸气在最初泄漏的 10 min 内保持在一个云团里，计算 10 min 的气体泄漏量可近似得出泄漏率。第二个考虑因素是扩散时相对分子质量的影响。相对分子质量越大，扩散速率越小，也就是说分子量越大，产生的云团越为致密。因此气体的扩散危害由表 4.17 评定。

表 4.17　气体扩散影响分类等级

| 相对分子质量 | 10 min 后产品的泄漏量/t | | | |
| --- | --- | --- | --- | --- |
| | 0~1 | 1~10 | 10~100 | >100 |
| ≥50 | C | D | E | E |
| 28~49 | B | C | D | E |
| ≤27 | A | B | C | D |

3.油品特性

产品危害分为长期危害与急剧危害。急剧危害主要有毒性、可燃性，持久性对长期危害性的影响有深远作用。

（1）毒性

这里的毒性是急剧的危害，仅仅指的是健康方面的危害。长期性接触毒性危害在长期危害性一项中考虑。这里分为五个等级。

等级A：除了一般的可燃性以外，没有毒性危害。

等级B：很可能仅存在微量的残余伤害。

等级C：需实施快速的医疗救护，以避免出现暂时性的丧失能力的中毒。

等级D：产品造成严重的临时性的或永久性的伤害。

等级E：短时间的泄漏就会造成人员死亡或重大伤害。

（2）易燃性

大多数碳氢化合物的最大危害来自可燃性。可燃性一般根据闪点的高低进行划分。油的闪点越低，易燃性危险越大。大多数原油闪点较低，易燃易爆危险性大。而成品油由于组分相差很大，其闪点差值也很大。

《管道风险管理手册》中采用的易燃性后果划分方法如下。

等级A：非可燃性物质。

等级B：闪点>93 ℃。

等级C：47 ℃<闪点<93 ℃。

等级D：闪点<47 ℃且沸点<47 ℃。

等级E：闪点<23 ℃且沸点<47 ℃。

（3）长期危害性

长期危害性指的是管输产品的泄漏慢性污染影响，主要有对水生动物、哺乳动物的影响，致癌性等。CERCLA标准中用RQ等级规定数值判断长期危害的等级。而对石油、原料油、天然气等并未列入CERCLA标准中的产品，则人为指定出与RQ等效的等级。

等级A：RQ=5 000，或者无任何长期危害的例入此等。

等级B：RQ=1 000。

等级C：RQ=100。

等级D：RQ=10。

等级E：RQ=1。

附录A.2中列出了典型灌输产品的毒性、易燃性、长期危害性的等级。

## 4.2.2　后果控制

1.泄漏检测

泄漏检测按照不同的标准有不同的分类，根据检测位置不同分为管道外部检测和管道内部检测；根据检测对象的不同分为管壁状况检测和内部流体检测；根据检测媒介不同分为直接检测和间接检测。管道内部检测方法有漏磁法、超声波法、电磁声传感器法；外部检测方法一般有声学检漏器、磁法检测、液体浓度检测、光线监测系统。

泄漏检测的方法过于众多，因而不可能一一列举出来，一一做出评价。因而找出三个最关键的评价指标，分别为灵敏性、定位精度和响应时间。

（1）灵敏性

灵敏性是对于最小能检测到的泄漏孔径来说的，可按表4.18分类。

**表4.18　泄漏检测灵敏性分类等级**

| 检测孔径/mm | 0~5 | 5~20 | >20 |
|---|---|---|---|
| 等级 | A | B | C |

（2）定位精度

定位精度按表4.19分类。

**表4.19　泄漏检测定位精度分类等级**

| 管线长度的百分比 | <1% | 1%~5% | 5%~20% | >20% |
|---|---|---|---|---|
| 等级 | A | B | C | D |

（3）响应时间

随着泄漏孔径的大小不一响应时间也不一样，一般而言，对于大孔径的检测显然比小孔径的检测更加快速。考虑到孔径在20 mm以内的泄漏孔占所有的泄漏孔的一大半，表4.20中的响应时间指的是对于20 mm孔径的泄漏孔的检测响应时间。

**表4.20　泄漏检测响应时间分类等级**

| 响应时间 | <20 min | 20~60 min | 60~120 min | >120 min |
|---|---|---|---|---|
| 等级 | A | B | C | D |

2.溢油应急反应体系

引起管道事故的原因多种多样，采用预防手段只能减小泄漏的可能性，却不能完全使可能性消失。因此，一旦管道发生事故，此时的检测、后果控制就尤为重要。不管是泄漏检测还是应急反应系统，都是事后的控制手段，是对已发生的泄漏事件做出的反应。然而这种手段的有效性却会对泄漏的后果产生重要的影响。

溢油应急反应体系，是指为了消除或减轻溢油事故污染损害，在政府的统一领导下，按照一定的秩序和内部联系组成的整体，包括组织结构、预防与预警机制、处置程序、应急保障措施及事后恢复与重建措施等内容组成的溢油事故应急处置体系。在实施泄漏检测的同时，一旦发现有泄漏情况，此时的应急反应就尤为重要。好的溢油应急反应对于溢油后果可以起到明显的控制作用。因此就需要对溢油应急反应体系的能力做出适当的评价。对于溢油应急反应体系的评价，从人员、设备、管理等方面按如下方式进行。

（1）油污应急计划

各级油污应急计划为如何处理相应能力范围内的油污染事故提供了行动指南。不同层级的溢油应急反应，对应了不同层级的政府管理，溢油应急计划又根据其覆盖的地理区域范围分为不同层次。考虑三方面的因素。

①应急计划之间的衔接

为了确保能有效执行应急计划，各层级应急计划之间应当衔接顺畅。应急计划中应当明确写明发生溢油事故时的通告程序以及发生大规模溢油事故应急失控时的求助程序，明确何时启动上一级油污应急计划及相应的启动程序。此项最多3分，根据情况，给出0~3分。

②油污应急计划的可操作性

溢油应急计划的可操作性取决于在制定过程中对潜在风险的调研分析，应急策略是否符合实际，以及对计划中的每一项内容的审查情况。此外，针对计划内容组织模拟演练之后做出的调整、修改和补充也能有效改善应急计划的可操作性。此项最多5分，根据情况，给出0~5分。

③油污应急计划的维护

溢油应急计划应当根据实际情况进行更新，例如当相关数据、相关人员或单位及通信联系发生变化时，溢油应急反应政策与法规做出调整或修改时，根据定期评估、日常演习和实际溢油事故取得的经验需要对计划做出修改时，对应急计划做出的及时修正。此项最多2分，根据情况给出0~2分。

根据以上三项的综合得分，按表4.21进行分类。

**表4.21　溢油应急计划分类等级**

| 得分 | [0,2) | [2,5) | [5,8) | [8,10] |
|------|-------|-------|-------|--------|
| 等级 | D | C | B | A |

（2）应急组织指挥系统

应急组织指挥系统由应急反应指挥部和应急专家小组组成。应急反应指挥部根据现场指挥、应急专家小组和应急指挥部成员单位提供的相关信息，并结合溢油扩散预测、漂移监测数据，组织、协调和指挥本辖区溢油事故的应急处理。应急组织指挥部由当地政府、海事局、环保局、救捞局、气象局、消防局、清污公司、港务局等相关单位的领导组成。

①各部门、人员职责分工

指参加油污应急反应行动的各相关单位的职责和总指挥、副总指挥、现场指挥职权的划分。根据分工是否合理、职责是否明确，此项最高可得3分，根据情况，给出0~3分。

②各相关部门间的协调

油污应急反应行动牵扯到众多的相关单位，因而仅靠市政府、海事局、清污单位是不可能完成这一复杂的任务的，必须还要有其他相关机关的配合协调，各相关部门通力合作才可能实现目标。此项最高可得3分，根据情况，给出0~3分。

③溢油应急专家咨询组

专家组成员主要是环保、消防、水产、污染物清除、化学品处理、安全生产等方面的专家和学者。专家组根据应急反应指挥部的要求，为油污应急反应提供诸如污染事故的防治对策、有关敏感区资源的保护建议等的技术支持。此项最高可得3分，根据情况，给出0~3分。

（3）现场溢油应急资源

当前我国沿海各主要港口，特别是油港、油码头、救捞部门、清污公司等部门配备了一定数量的围油栏、撇油器、吸油材料、溢油分散剂和浮油回收船等。

①应急设备的配置数量

指在应急行动中，能够直接参与到油污围控、回收、清除、处置任务中的油污应急反应设备的数量。根据设备的回收、清除能力，分为强、较强、较弱、弱四等。

A：处理能力强，能够处理 250 t 以上的溢油，此时可得 5 分。

B：处理能力较强，能够处理 100~250 t 的溢油，此时可得 4 分。

B：处理能力较弱，能够处理 50~100 t 的溢油，此时可得 2 分。

C：处理能力弱，只能处理 50 t 以下的溢油，此时可得 1 分。

②应急设备的技术状况

应急设备的技术状况将直接影响处理溢油的能力，从以下方面评价：应急设备的新旧程度；应急设备的耐用性、适用性、工作效率及设备之间的配套情况。此项最高可得 3 分，根据情况，给出 0~3 分。

③应急设备的维护保养

应急设备的维护保养会间接影响处理溢油的能力，根据应急设备是否妥善存放，是否定期检查、测试和维护，此项最高可得 2 分，根据情况，给出 0~2 分。结合以上内容，现场溢油应急资源可按表 4.22 进行分类。

**表 4.22　现场溢油应急资源分类等级**

| 得分 | [0,3) | [3,5) | [5,8) | [8,10] |
|------|-------|-------|-------|--------|
| 等级 | D | C | B | A |

（4）油污应急队伍应急能力

应急队伍的应急能力将直接影响到应急行动的效果，分类等级见表 4.23。

**表 4.23　应急队伍应急能力的分类等级**

| 得分 | [0,3) | [3,5) | [5,8) | [8,10] |
|------|-------|-------|-------|--------|
| 等级 | D | C | B | A |

①专业清污人数

专业清污队伍指掌握了足够的专业技术，拥有一定的清污经验，能够迅速、有效地实施控制油污事故，专门从事海上溢油应急反应工作的组织或单位。专业清污队伍的组成人数有以下评分：0~50 人，得 1 分；50~100 人，得 2 分；100~200 人，得 3 分；200~300，得 4 分；300 人以上，得 5 分。

②兼职清污人数

兼职清污队伍即非专门从事海上油污应急反应工作，但拥有一定的海上抗溢油专业设备和技术，能够在一定程度上控制海上溢油事故进行，并进行溢油清除的单位或组织。兼职清污队伍的组成人数有以下评分：0~200 人，得 1 分，200~500 人，得 2 分，500

人以上得3分。

　　③培训演习

　　由于溢油事故属于偶然事故，并不会经常发生，因而必须对指挥人员、管理人员、溢油应急人员及其他相关人员进行培训和演习，从而使他们具备系统、扎实的应急理论知识和丰富的清污控制及清污实践经验，更好地在事故真正发生之时投入到应急行动中去。此项最高可得3分，根据情况，给出0~3分。

# 4.3　本章小结

　　本章建立了海底管道溢油风险指标体系，它由溢油可能性指标体系和溢油后果指标体系组成。在可能性指标体系中将溢油的五大风险源——腐蚀、疲劳、自然力、误操作和第三方破坏作为可能性指标下的一级指标，后果指标体系中将介质危害和后果控制作为一级指标，然后继续向下建立二级、三级指标。在最底级的指标中，为了便于应用多级模糊综合方法，每一个指标都用合适的方式划分为几个等级，最后计算风险时只需选定实际所属的那一个等级就可分别计算出可能性和后果的得分。

# 第5章 溢油量的评估

## 5.1 引　言

例如船舶碰撞、海上平台溢油事故等的海面溢油事故，海底溢油量的估算方法已相对成熟，主要通过检测技术对溢油厚度和面积来估算溢油量。我国现行的用于海洋溢油污染事故生态损害评估的推荐性标准为《海洋溢油生态损害评估技术导则》(中华人民共和国行业标准 HY/T 095—2007)，其中推荐了海洋溢油量的估算方法，包括现场检测技术、遥感技术、溢油漂移模拟技术等。这些方法都是在溢油事故发生之后对溢油进行估算的方法，各种溢油量估算方法均存在一定误差。实际情况中，根据事故具体情况，对污染面积、深度、溢油量进行连续的全方位综合评价，事故调查法应用得较多，因其误差相对较小。

对于海底管道而言，若采用海面溢油量的计算方法，则由于溢油在海水内所发生的各种物理、化学变化，导致溢油的去向复杂，最终会低估海底的溢油量。而由于管道泄漏为点源溢油，可根据流体力学等方法计算得从溢油源的流体泄漏速度。因此，管道的溢油量计算不同于海面溢油，关键在于对于溢油速度、溢油源孔径和持续时间的确定。根据合理的情况假设孔径与泄漏时间，根据管内管外的环境以及介质性质，我们就可以对溢油量进行预测。

海底管道的溢油事故，根据泄漏的介质不同，可以分为三大类：输油管道泄漏事故、输气管道泄漏事故和混输管道泄漏事故。而不管是哪一种类型的溢油事故，管道泄漏孔处的压强计算都是关键。由于管道内的介质性质不同，流动形态各异，导致泄漏速率计算方法有所区别。

对于大的泄漏，由于溢油监测系统与后果控制系统的存在，发现溢油事故之后阀门关断，溢油不会一直持续，管线的泄漏就分为两个部分，关断之前的泄漏量和关断之后的泄漏量。关断之前的泄漏速率认为是恒定的，因此关断前的泄漏量就等于泄漏速率与泄漏时间的乘积。关断之后，管内压力会不断下降，一般认为直到当泄露孔内外压力相等之时或者修复夹钳安装完成之时，泄漏停止。对于液体泄漏，由于液体的可压缩性很小，关断阀门之后，压力很快消失，仅受静压作用，管内外的压强瞬间相同。而对于气体管道，气体压力则会随时间慢慢降低直至内外压强达到一致。对于小孔径的泄漏，可能采取不停输堵漏的方式，对于大的泄漏则会停输并替换管段。本书中计算泄漏量时，假设当孔径较小时，管线不停输，孔径较大时管线停输。

## 5.2　泄漏孔径的预测

由于风险评价是一种事前的预测，在未发生泄露之前必然不可能准确知道泄漏的缺陷尺寸大小，而要计算泄漏量就必须知道泄漏孔径的大小，那么如何对潜在的泄漏进行预测，怎样确定泄漏的孔径就成了必须解决的问题之一。不同的风险源的破坏机制不同，造成的泄漏孔形态与大小都不同，因而根据风险源不同去确定泄漏孔径是合理的。

由第 2 章的分析，我们已经将泄漏孔径的形态分为三类：断裂破坏、裂纹溢油和孔溢油。自然力例如台风、海啸，瞬间的破坏力巨大，因而可以认为这类力量能够直接造成管道的断裂；腐蚀一般在形成点腐蚀的基础上进一步发展，最终的破裂形态一般为小孔破坏；而疲劳破坏易形成疲劳裂纹；第三方破坏易造成管道开裂甚至断裂；误操作的泄漏孔形态则难以确定。因而本书中认为，自然力造成管道破裂，疲劳破坏造成管道裂纹溢油，第三方破坏、腐蚀、误操作造成不同程度的孔溢油。

不管是什么形态的泄露孔，均可根据裂缝或其他形状的孔口的面积与圆孔面积相同，计算出裂缝或其他形状的孔口的当量直径，再引入不同形状泄漏孔径的泄漏修正系数，代入圆形孔径泄漏计算公式得到结果。

最好的确定泄漏孔径的方法便是根据破坏的机制，根据管道几何、应力、材料、环境等参数建立泄漏孔径的模型。根据物理数学等方法建立起来的模型可以具有很好的说服力，然而模型的建立却是一个很大的难题。即便是这样建立出来的模型预测的孔径仍然未必准确，因为造成管道泄漏的条件在很多情况下是可变的。因而此类破坏可以考虑根据实际的管道事故数据库中的统计数据去预测泄漏孔径的大小。

在 PARLOC 数据库中，分别对于钢管和柔性管的破坏孔径有一些数据记录。然而数据并不够详尽，尽管在不同直径区间内进行了统计，却并未针对具体的事故原因，事故的数量也不足以支持应用统计方法。因而可见仍需要建立更加详尽的管道数据库，才能使之得到更好地应用。一旦形成了详尽的数据库，根据事故原因进行分类，就可应用统计方法假设泄漏孔径。

本书中，仅人为地对各风险源进行破坏程度的排列，设定五个不同大小的破坏尺寸，五大风险源各自对应一个等级的破坏，如表 5.1 所示。

**表 5.1　各风险源对应的当量泄漏孔径**

| 风险源 | 腐蚀 | 疲劳 | 自然力 | 误操作 | 第三方破坏 |
|---|---|---|---|---|---|
| 当量泄漏孔径/mm | 20 | 40 | 管道直径 $D$ | 60 | 80 |

## 5.3　泄漏管段时间的预测

对于大的泄漏，泄漏时间可以认为只包括泄漏开始到泄漏被检测出之后管段关闭的时间。而对于小的泄漏，则认为管段不停输，总的泄漏时间包括两部分，第一部分即泄漏开始至泄漏被检测出的时间，第二部分是泄漏堵漏所需的时间。

泄漏开始到关断完成的时间包括几个方面：泄漏检测时间、部署监控时间、确认时间和关断时间。显然，这个时间与泄漏检测系统和人员素质、配合情况等有很大的联系。不同的泄漏检测系统响应时间必然不同。除此之外，管道的泄漏孔径对泄漏时间甚至有决定性的影响，因为泄漏孔径越大泄漏检测系统就能越快检测到，从而做出更快的应对。这个时间应当由管道操作方根据一般的情况给出相关数据，同样，泄漏堵漏所需时间也作为一个输入量，考虑泄露点的位置及堵漏修复的时间做出适当的估计，在评价时最好作为输入量。表 5.2 给出一组数值，仅供参考。

**表 5.2　泄漏时间的估计**

| 泄漏孔径/mm | 泄漏检测/min | 部署监控/min | 确认/min | 关断/min | 堵漏所需时间/min |
|---|---|---|---|---|---|
| 小孔径 | 40 | 90 | 360 | 不关断 | 720 |
| 大孔径 | 7 | 90 | 60 | 5 | — |
| 断裂 | 3 | 0 | 0 | 5 | — |

表 5.2 中，认为 $0.2D$ 以内的泄漏孔径为小孔径，$0.2D\sim0.8D$ 为大孔径，大于 $0.8D$ 的泄漏孔径认为管道已经破裂。

# 5.4　海底输油管线溢油量的估算

液体沿管道泄漏的驱动力主要是压力梯度。海底输油管线泄漏之后，管段一旦关闭，此时泄漏段的压力瞬间变为静压。由于海底管道在海面以下，一般而言油的密度又小于水的密度，因而泄露点处管内压力并不会大于管外压力。可以认为管段关闭之后不会发生泄漏，则输油管线的泄漏量可以仅计算关断之前泄漏的量。

输油管线的泄漏速率模型分为两类，即孔口泄漏模型和断裂模型。

## 5.4.1　孔口模型

根据流体力学的伯努利方程，得到海底管道液体孔口泄漏模型的质量流量计算式为

$$Q=\rho u A_0 = C_d A_0 \rho\sqrt{2(p-p_0)/\rho} \tag{5-1}$$

式中，$Q$ 为液体孔口泄漏强度，kg/s；$C_d$ 为液体泄漏系数；$A_0$ 为泄漏孔面积，$m^2$；$\rho$ 为泄漏液体密度，$kg/m^3$；$p$ 为容器内泄漏口处压力，Pa；$p_0$ 为海水环境压力，Pa。

对于液体泄露而言，液体泄漏系数与流体的雷诺数和孔洞直径有关，完全紊流流体的流量系数为 $0.6\sim0.64$，推荐使用 0.61；较圆的孔洞，可近似取值 1；对于不明流体情况，直接取 1。

泄漏口处的液体压力根据实际液体的伯努利方程可以很方便地得到。最终的孔口溢油量：

$$Q_{\text{spill}} = Q \cdot t \tag{5-2}$$

式中，$Q_{\text{spill}}$ 为液体泄漏量，kg；$Q$ 为液体泄漏强度，kg/s；$t$ 为泄漏时间，s。参考表 5.1，当 $A_0 \leqslant 20$ mm 时，管道不停输，泄漏时间分为两部分，一部分为泄漏开始到泄漏被检测到的时间，可另一部分为泄漏检测到堵漏完成时间。当 $A_0 > 20$ mm 时，泄漏时间即为泄漏开

始到管段关断时间。

### 5.4.2　断裂模型

断裂模型认为管道泄漏速率即为管道的输送速率。因此最终泄漏量即为泄漏时间与泄漏速率的乘积，即

$$Q_{\text{spill}} = \rho \cdot Q_l \cdot t \tag{5-3}$$

式中，$Q_{\text{spill}}$ 为液体泄漏量，kg；$\rho$ 为泄漏液体密度，kg/m³；$Q_l$ 为液体的输送体积流量，m³/s；$t$ 为泄漏开始到关断的时间，s。

## 5.5　海底输气管线溢油量的估算

气体在管道内的流动可简单地看成是一维流动，由于管内外压差大，气体密度受压力影响变化很大，因而需将气体看作可压缩流体。根据连续性方程、动量守恒方程和能量守恒方程去描述气体的流动过程。气体的流动分为绝热流动和等温流动过程。对于长距离输气管道而言，用等温过程和绝热过程描述气体运动结果相似。目前，根据泄漏孔的大小，研究者基于流体力学原理分别提出了小孔模型、大孔模型和管道模型。在工程计算中，当泄漏孔径与管道直径的 $d/D \leqslant 0.2$ 时，使用小孔模型；当 $0.2 < d/D < 0.8$ 时，使用大孔模型；当 $d/D \geqslant 0.8$ 时，使用管道模型。

跟液体泄漏同样的引入泄漏系数，当泄漏孔为圆形孔，泄漏系数取1.0；三角形，取0.95；长方形，取0.9。

当泄漏事故发生一定时间之后，气源将会因为自动控制阀的关闭或管理人员手动关闭而关闭，一般都假设管道发生泄漏前后阀同时关闭。关闭后，气体压力并不会立即消失，而是缓慢减小，泄漏速率同样缓慢减小。对于大孔泄漏和断裂泄漏，认为关断后最终的泄漏量即为两阀间的气体量。而对于小孔泄漏，则假设气体泄漏速率仍然等于关断之前的泄漏速率，直到堵漏修复完成，即停止泄漏。

输气管道泄漏示意图如图5.1所示。设管道泄露点距离输气起点距离为 $L_e$，1为输气起点截面中心点位置，3为泄漏口中心，2为泄漏口处对应管道截面的中心点。

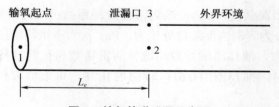

**图5.1　输气管道泄漏示意图**

后文中将用到的参数：$P_i$ 为点 $i$ 处的压力（$i=1$，2，3），Pa；$T_i$ 为点 $i$ 处的温度（$i=1$，2，3），K；$u_i$ 为点 $i$ 处的气体速度（$i=1$，2，3），m/s；$\rho_i$ 为点 $i$ 处的气体密度（$i=1$，2，3），kg/m³。

对于管道内的绝热流动，从能量守恒和动量守恒可得到如下方程：

$$\frac{k+1}{k}\ln\left(\frac{P_1 T_2}{P_2 T_1}\right) + \frac{M}{RG^2}\left(\frac{P_2^{\,2}}{T_1} - \frac{P_1^{\,2}}{T_2}\right) + \left(\frac{4fL_e}{D}\right) = 0 \tag{5-4}$$

式中，$G$ 为单位面积的质量流量，kg/(m²·s)；$f$ 为管道摩擦因数；$L_e$ 为管道的有效长度，m；$D$ 为管道内径，m；$k$ 为气体绝热系数，一般情况下，对于单原子气体，$k$ 取 1.67，双原子气体，$k$ 取 1.4，多原子气体，$k$ 取 1.3；$R$ 为通用气体常数，$R$=8.314 kJ/(kmol·K)；$M$ 为标准状态下气体摩尔质量，kg/kmol，$M$=22.4$\rho$，其中 $\rho$ 为气体密度，kg/m³。

管道有效长度 $L_e$ 包括直管部分和相应的管件部分，计算公式为

$$L_e = L + \sum N_i K_i\left(\frac{D}{f}\right) \tag{5-5}$$

式中，$L$ 为管道的直管部分长度，m；$N_i$ 为管件数，包括阀门、弯头等；$K_i$ 为管件的压降系数。

摩擦因数由下式确定，即

$$f = \begin{cases} 0.079\,Re^{-0.25} & Re \leqslant 10^5 \\ 0.0232\,Re^{-0.1507} & Re > 10^5 \end{cases} \tag{5-6}$$

式中，$Re$ 为雷诺数。

### 5.5.1　小孔模型

小孔泄漏模型认为对于管道而言，泄漏孔径大小远小于管道直径，当 $d/D \leqslant 0.2$ 时，使用小孔模型。假设管道内压力不受泄漏影响而发生变化，且忽略管内摩擦的影响，假设点 1 和点 2 的气体状态相同，即 $P_1=P_2$，$T_1=T_2$。泄露过程为等熵膨胀过程，泄漏速率始终等于起始最大泄漏速率。小孔模型用输送点压力代替泄漏点处管内压力，当点 2 的压力逐渐增加，达到某一临界值时，气体泄漏速度也随之逐渐增加直到气体的声速。此时，再增加点 2 的压力，泄漏速率也不会增加，这种状态称为临界状态，此时点 2 的压力称为临界压力。定义临界压力比 $CPR$：

$$CPR = \frac{P_a}{P_{2c}} = \left(\frac{2}{k+1}\right)^{\frac{k}{k-1}} \tag{5-7}$$

式中，$P_a$ 为环境压力，Pa；$P_{2c}$ 为点 2 的临界压力，Pa。

当 $P_2 > P_{2c}$ 时，孔口气体泄漏为临界流，即 $\dfrac{P_a}{P_1} \leqslant CPR$，泄漏强度按下式计算，即

$$Q = C_0 A_0 P_1 \sqrt{\frac{Mk}{ZRT_1}\left(\frac{2}{k+1}\right)^{\frac{k+1}{k-1}}} \tag{5-8}$$

式中，$Q$ 为气体泄漏强度，kg/s；$A_0$ 为泄漏孔面积，根据泄漏孔的当量直径计算，m²；$Z$ 为压缩因子，值通常接近 1；$C_0$ 为孔口泄漏修正系数。

当 $\dfrac{P_a}{P_1} > CPR$ 时，孔口气体流动属于非临界流，泄漏强度按下式计算，即

$$Q = C_0 A_0 P_1 \sqrt{\frac{2M}{ZRT_1}\frac{k}{k-1}\left[\left(\frac{P_a}{P_1}\right)^{\frac{2}{k}} - \left(\frac{P_a}{P_1}\right)^{\frac{k+1}{k}}\right]} \tag{5-9}$$

则气体小孔泄漏的泄漏量为

$$Q_{\text{spill}} = Q \cdot t \tag{5-10}$$

式中，$Q_{\text{spill}}$ 为气体泄漏量，kg；$t$ 为泄漏时间，s。这里的泄漏时间用的仍然是小孔径泄漏，即两部分组成的泄漏时间。

### 5.5.2　断裂模型

当管线由于某种原因而发生的全截面断裂，或者是泄漏孔径与管径之比 $d/D$ 大于 0.8 时，用断裂模型计算气体泄漏率。该模型考虑了流体在管道中流动的内摩擦影响，且泄漏过程已经不是等熵流动。

管道内与泄漏孔流量相同，则下式成立：

$$Q = Au_1\rho_1 = Au_2\rho_2 = Au_3\rho_3 \tag{5-11}$$

式中，$A$ 为管道截面积，$\text{m}^2$。

由式（5-11）可得单位面积的质量流量 $G$：

$$G = u_1\rho_1 = u_2\rho_2 = u_3\rho_3 \tag{5-12}$$

对于 1 点和 2 点，Octave 给出下列关系：

$$
\begin{cases}
T_2 = \left(\dfrac{Y_1}{Y_2}\right)T_1 \\[2mm]
P_2 = \left(\dfrac{Ma_1}{Ma_2}\right)\sqrt{\dfrac{Y_1}{Y_2}}\,P_1 \\[2mm]
Y_i = 1 + \left(\dfrac{k-1}{2}\right)Ma_i^2 \\[2mm]
Ma = \dfrac{u}{a} \\[2mm]
a = \sqrt{kMRT}
\end{cases}
\tag{5-13}
$$

式中，$Ma_i$ 为点 $i$ 处的马赫数，作为衡量气体压缩性大小的相似准则。当 $Ma<1$，时气体在管道内为亚声速流动；当 $Ma=1$ 时，气体在管内为声速流动。$a$ 为气体当地声速。

则将单位面积的质量流量表达成马赫数的函数为

$$G = Ma_1 P_1\sqrt{\dfrac{Mk}{RT_1}} = Ma_2 P_2\sqrt{\dfrac{Mk}{RT_2}} = \sqrt{\dfrac{2M}{R}\cdot\dfrac{k}{k-1}\cdot\dfrac{T_2-T_1}{\left(\dfrac{T_1}{P_1}\right)^2 - \left(\dfrac{T_2}{P_2}\right)^2}} \tag{5-14}$$

将式(5-13)、式(5-14)代入式(5-4)，可以得到：

$$\dfrac{k+1}{2}\ln\left(\dfrac{Ma_1^2}{Ma_2^2}\cdot\dfrac{Y_1}{Y_2}\right) - \left(\dfrac{1}{Ma_1^2} - \dfrac{1}{Ma_2^2}\right) + \left(\dfrac{4fL_e}{kD}\right) = 0 \tag{5-15}$$

当管道较长，压差较大时，气体在泄漏孔处的流速可接近声速达到临界流，此时，$Ma_2=1$，则式(5-15)变为

$$\dfrac{k+1}{2}\ln\left[\dfrac{2Y_1}{(k+1)Ma_1^2}\right] - \left(\dfrac{1}{Ma_1^2} - 1\right) + \left(\dfrac{4fL_e}{kD}\right) = 0 \tag{5-16}$$

根据式(5-16)求出 $Ma_1$，则泄漏的质量流量为

$$G = Ma_1 P_1\sqrt{\dfrac{Mk}{RT_1}} \tag{5-17}$$

则最终的泄漏量为

$$Q_{\text{spill}} = C_0 \cdot G \cdot A \cdot t + V_{\text{pipe}} \tag{5-18}$$

式中，$t$ 为泄漏时间，参考表 5.1；$V_{\text{pipe}}$ 为两阀门间管道的体积。

### 5.5.3 大孔模型

大孔泄漏有三种可能的状态：管内亚临界流，孔口临界流；管内、孔口皆未亚临界流以及管内孔口皆为临界流，Helena Montiel 导了这三种情况下的计算方程。国内学者对此进行了修正和完善，认为实际上在高压条件下，会出现管内孔口皆为临界流的情况；低压时会出现管内孔口皆为亚临界流的情况；高压和低压条件下都有可能出现管内亚临界流，孔口临界流的情况；任何情况下，都不会出现管内临界流，管外亚临界流。当破坏孔径与管道直径之比 $0.2 < d/D \leqslant 0.8$ 时，采用大孔模型。

1. 管内为亚临界流、孔口为临界流

当泄露点压力 $P_2$ 稍小于 $P_1$，但大于临界压力时，此时管内流动为亚临界流动过程，孔口为临界流动过程，满足条件：

$$\begin{cases} P_2 > P_1 Ma_1 \sqrt{\dfrac{2Y_1}{k+1}} \\ \dfrac{P_a}{P_2} < \left(\dfrac{2}{k+1}\right)^{\frac{k}{k-1}} \end{cases} \tag{5-19}$$

根据气体流动的连续性方程可知：

$$G = \rho_1 u_1 = \rho_2 u_2 = \frac{A_0}{A} \rho_3 u_3$$

$$= \frac{A_0}{A} P_2 \sqrt{\frac{Mk}{RT_2} \left(\frac{2}{k+1}\right)^{\frac{k+1}{k-1}}} \tag{5-20}$$

$$= Ma_1 P_1 \sqrt{\frac{Mk}{RT_1}} = Ma_2 P_2 \sqrt{\frac{Mk}{RT_2}}$$

表征气体的运动状态方程同式(5-16)，联立式(5-20)，即可求解。

点 1 与点 2 各参数的关系满足式(5-13)，点 2 与点 3 各参数满足：

$$\begin{cases} P_3 = \left(\dfrac{2}{k+1}\right)^{\frac{k}{k-1}} \cdot P_2 \\ T_3 = \left(\dfrac{2}{k+1}\right) \cdot T_2 \\ \rho_3 = \left(\dfrac{2}{k+1}\right)^{\frac{1}{k-1}} \cdot \rho_2 \end{cases} \tag{5-21}$$

2. 管内、孔口均为亚临界流

当管内压力较低，孔径较小时，泄露点压力 $P_2$ 稍小于起始压力，且小于临界压力，此时泄漏为管内、孔口均为亚临界流动状态。满足条件：

$$\begin{cases} P_2 > P_1 Ma_1 \sqrt{\dfrac{2Y_1}{k+1}} \\ \dfrac{P_a}{P_2} \geqslant \left(\dfrac{2}{k+1}\right)^{\frac{k}{k-1}} \end{cases} \tag{5-22}$$

根据气体流动的连续性方程可知：

$$G = \frac{A_0}{A}P_2 \sqrt{\frac{M}{RT_2} \cdot \frac{2k}{k-1} \cdot \left[\left(\frac{P_a}{P_2}\right)^{\frac{2}{k}} - \left(\frac{P_a}{P_2}\right)^{\frac{k+1}{k}}\right]}$$
（5-23）

$$= Ma_1 P_1 \sqrt{\frac{Mk}{RT_1}} = Ma_2 P_2 \sqrt{\frac{Mk}{RT_2}}$$

表征气体的运动状态方程同式(5-16)，联立式(5-23)，即可求解。

点3满足关系式：

$$\begin{cases} P_3 = P_a \\ T_3 = \left(\frac{P_a}{P_2}\right)^{\frac{k-1}{k}} \cdot T_2 \\ \rho_3 = \left(\frac{P_a}{P_2}\right)^{\frac{1}{k}} \cdot T_3 \end{cases}$$
（5-23）

3.管内、孔口均为临界流

当管内压力较大，泄漏孔径较大，$P_2$远小于$P_1$，但大于临界压力，此时管内、孔口皆为临界流状态。满足条件：

$$\begin{cases} P_2 \leqslant P_1 Ma_1 \sqrt{\frac{2Y_1}{k+1}} \\ \frac{P_a}{P_2} < \left(\frac{2}{k+1}\right)^{\frac{k}{k-1}} \end{cases}$$
（5-24）

泄漏速率为

$$G = \frac{A_0}{A}Ma_1 P_1 \sqrt{\frac{Mk}{RT_2}\left(\frac{2}{k+1}\right)^{\frac{k+1}{k-1}}}$$
（5-25）

满足方程式(5-16)。

大孔模型最终的泄漏量计算式与断裂模型相同，同式(5-18)，$t$的取值有所不同。

# 5.6　海底混输管线溢油量的估算

这里仅考虑气液两相流的泄漏。气液两相流在流动时，除了介质与管壁之间的作用之外，气相与液相之间也存在着复杂的相互作用。此外，两相的分布状况也多种多样，可以是密集的也可以是分散的，这种分布状态也就是两相流的流型。流型不同，对流体的各项特性有着显著的影响。对两相流动的处理方法有经验方法、半经验方法和理论方法三种。要计算两相流管道的溢油量，首先需要进行两相流的压降计算，而压降计算又是以热物性计算为基础的。

## 5.6.1　气液两相流动参数

1.流量相关参数

流量通常有两种表示的方式，一种是质量流量，它表示单位时间内流过过流断面的流体质量；另一种是体积流量，它表示单位时间内流过过流断面的流体体积。对于气液

两相流动，气相与液相有以下流量关系，即

$$G = G_g + G_l \tag{5-26}$$

$$Q = Q_g + Q_l \tag{5-27}$$

式中，$G$ 为两相混合物的总质量流量，kg/s；$G_g$ 为气相的质量流量，kg/s；$G_l$ 为液相的质量流量，kg/s；$Q$ 为两相混合物的总体积流量，m³/s；$Q_g$ 为气相的体积流量，m³/s；$Q_l$ 为液相的体积流量，m³/s。

2.速度相关参数

（1）实际速度

实际速度定义为各相在各自所占的断面上的平均速度。若气相所占管道横截面积为 $A_g$，液相所占截面为 $A_l$，则实际速度可以表达为

$$v_i = \frac{Q_i}{A_i} \tag{5-28}$$

式中，$i$ 为表示气相时将 $g$ 代入，表示液相时将 $l$ 代入；$v_i$ 为气相或液相的实际速度，m/s；$A_i$ 为气相或液相在过流断面上所占的面积，m²。

（2）折算速度

实际的两相流动中，各相在过流断面上的面积难以测得，因而实际速度很难获得。因而，引入折算速度。折算速度定义为假定管内只有气相或液相流动时的单相流动速度。表达式为

$$w_{si} = \frac{Q_i}{A} \tag{5-29}$$

式中，$w_{si}$ 为气相或液相的折算速度，m/s；$A$ 为过流断面的面积，m²。

（3）混合物速度

混合物速度又称流量速度，定义为两相混合物在单位时间内流过过流断面的总体积与过流断面面积之比，表达式为

$$v = \frac{Q_g + Q_l}{A} \tag{5-30}$$

式中，$v$ 为两相混合物速度，m/s。

（4）混合物质量速度

混合物质量速度定义为单位时间内流过过流断面的两相混合物的总质量，即 $G/A$。

3.滑差和滑动比

（1）滑差

滑差又称滑脱速度，指的是气相与液相的实际速度之差，其表达式为

$$\Delta v = v_g - v_l \tag{5-31}$$

（2）滑动比

滑动比指的是气相与液相实际速度之比，其表达式为

$$s = \frac{v_g}{v_l} \tag{5-32}$$

4.含气率和含液率

（1）质量含气率和质量含液率

质量含气（液）率是指单位时间内流过过流断面的混合物总质量中气（液）相质量

所占的比例。

质量含气率：

$$x = \frac{G_g}{G}$$

(5-33)

质量含液率：

$$1 - x = \frac{G_l}{G}$$

(5-34)

（2）体积含气率和体积含液率

体积含气（液）率是指单位时间内流过过流断面的混合物总体积中气（液）相体积所占的比例。

体积含气率：

$$\beta = \frac{Q_g}{Q}$$

(5-35)

体积含液率：

$$1 - \beta = \frac{Q_l}{Q}$$

(5-36)

（3）真实含气率和真实含液率

真实含气率又称空隙率，指在两相流动的过流断面上气相面积占管道横截面积的比例；真实含液率又称持液率，指在两相流动的过流断面上液相面积占管道横截面积的比例。

真实含气率：

$$\phi = \frac{A_g}{A}$$

(5-37)

真实含液率：

$$1 - \phi = \frac{A_l}{A}$$

(5-38)

5.两相混合物密度

（1）流动密度

流动密度指单位时间内流过管道截面混合物质量与体积之比。

$$\rho_f = \frac{G}{Q} = \frac{G_g + G_l}{Q} = \frac{\rho_g Q_g + \rho_l Q_l}{Q} = \beta \rho_g + (1 - \beta)\rho_l$$

(5-39)

（2）真实密度

真实密度指在 $\Delta_l$ 管长内气液混合物质量与体积之比。

(5-40)

### 5.6.2　气液两相流动的热物性相关参数

在两相流中，天然气会部分溶于原油中，在不同压力与不同温度下，溶解度也不相同。此时，天然气与原油各自所占的体积与标准条件下有较大差别。热物性参数计算主要包括天然气的压缩因子、溶解气油比、泡点压力、原油体积系数、原油黏度、天然气黏度等。这些参数最精确的方法显然是试验测定，然而这在事实上是很难操作的，因为工作压力与温度、原油和天然气的组成这些范围都过于宽泛。目前主要有三种计算模型，即黑油模型、组分模型和组合模型。

黑油模型是指在不清楚流体组成情况下，由经验公式或半经验公式确定一定温度与压力下的各种物性参数模型。只要已知气液的相对密度和少量凝析液黏度数据即可计算。优点是简单直观，所需参数少，甚至可以进行手算。然而也正是由于计算过于简单，不考虑当管道压力低于凝油气的露点时出现的反凝析现象，适用性很有限，计算结果与实际出入较大。

当已知各组分的物质的量则可利用状态方程、热力学相态平衡方程进行泡点、露点和闪蒸计算，计算出气液组分、气液密度、比热容及黏度等热物性参数，进而进行工艺计算，这就是组分模型。常采用的状态方程有 SRK 方程、PR 方程和 BWRST 方程。BWRST 方程中共有 11 个参数，是当前烃类分离计算中最佳的模型之一。组分模型在计算过程中考虑了物质组分随压力和温度变化的因素，考虑了反凝析现象。然而由于组分模型是基于各组分的摩尔分数，因此只有在这些已知的情况下才能应用。且计算过程中涉及到非线性方程或方程组的求解，需要迭代计算，求解未必收敛，并会出现累积误差。

组分模型由于能够描述气液相变及气液相组分分配，在对焓、熵、热容等物性的计算精度要优于黑油模型，然却无法计算得到例如液相黏度、表面张力等参数。因而，就有了以状态方程为基础，结合黑油模型计算各物性参数的组合模型。

本书的压降计算均基于黑油模型，因而重点介绍黑油模型。黑油模型中对应每个参数均有几个相关的经验公式，本书仅介绍其中的一个经验公式。

1. 油气溶解性参数

（1）$P$，$T$ 状态下，天然气在原油中的溶解度

1 m³ 脱气原油在 $P$，$T$ 状态下能溶解的天然气量折算成标准状态下的体积称为天然气在原油中的溶解度。首先计算 100 psi(689.475 7 kPa)下气的相对密度 $\Delta_{g100}$：

$$\Delta_{g100} = \Delta_{gs}\left[1.0 + 5.912 \times 10^{-5} API°(1.8T_{st} + 32)\lg(0.001265P_{st})\right]$$

$$\Delta_{gs} = \frac{\rho_{gs}}{\rho_{as}}$$

$$\Delta_{ls} = \frac{\rho_{ls}}{\rho_{ws}} \tag{5-41}$$

$$API° = \frac{141.5}{\Delta_{ls}} - 131.5$$

式中，$\rho_{gs}$ 为标准状态下气的密度，kg/m³；$\rho_{as}$ 为标准状态下空气的密度，取 1.205 kg/m³；$\Delta_{gs}$ 为标准状态下气的相对密度；$\rho_{ls}$ 为标准状态下油的密度，kg/m³；$\rho_{ws}$ 为标准状态下水的密度，取 1 000 kg/m³；$\Delta_{ls}$ 为标准状态下油的相对密度；$API°$ 为油的 $API$ 度；$\Delta_{g100}$ 为 100 psi 下气的相对密度；$T_{st}$ 为标准温度，采用 20 ℃；$P_{st}$ 为标准压力，取 101.325 kPa。

则 $P$，$T$ 状态下，气在油中的溶解度（折算成标准状态下的体积）为

$$R_s = C_1\Delta_{g100}P^{C_2} \cdot \exp\left(C_3 \cdot \frac{API°}{1.8T + 492}\right) \tag{5-42}$$

式中，$P$ 为当前压力，kPa；$T$ 为当前温度，℃；$R_s$ 为气在油中的溶解度，m³/ m³（气/油）。$C_1$，$C_2$，$C_3$ 按表 5.2 取值。

表 5.2　$C_1,C_2,C_3$取值

| 系数 | $API°>30$ | $API°≤30$ |
|---|---|---|
| $C_1$ | $3.204\,6×10^{-4}$ | $7.803\,7×10^{-4}$ |
| $C_2$ | $1.187\,0$ | $1.093\,7$ |
| $C_3$ | $23.931\,0$ | $25.724\,0$ |

（2）泡点压力$P_b$

$$P_b = 6.894\,757\left[\left(\frac{5.615K_1 GOR}{\Delta_{g100}}\right)10^a\right]^{K_2} \tag{5-43}$$

$$a = \frac{-K_3 API°}{1.8T+492}$$

式中，$P_b$为泡点压力，kPa；$GOR$为标准状态下的气油比，m³/ m³（气/油）；$K_1$，$K_2$，$K_3$按表5.3取值。

表 5.3　$K_1,K_2,K_3$取值

| 系数 | $API°>30$ | $API°≤30$ |
|---|---|---|
| $K_1$ | 56.18 | 27.62 |
| $K_2$ | 0.842 4 | 0.914 3 |
| $K_3$ | 10.39 | 11.13 |

（3）原油的体积系数$B$

由于溶解了天然气，使得原油体积膨胀。原油体积系数就是 1 m³溶气原油与脱气原油的体积之比。

当$P≤P_b$时，按下式计算，即

$$B_o = 1.0 + 5.615X_1 R_s + (1.8T-28)\left(\frac{API°}{\Delta_{gs}}\right)(X_2 + 5.615X_3 R_s) \tag{5-44}$$

当$P>P_b$时，按下式计算，即

$$B_o = B_{ob}\exp[-0.1450C_0(P-P_b)]$$

$$C_0 = \frac{6.83×10^{-6}}{0.145\,0P}(5.615R_s)^{0.5}\cdot(API°)^{0.36}\cdot(1.8T+32)^{0.77}\cdot\Delta_{g100}^{-0.035\,5} \tag{5-45}$$

$$B_{ob} = 1.0 + 5.615X_1 GOR + (1.8T-28)\left(\frac{API°}{\Delta_{gs}}\right)(X_2 + 5.615X_3 GOR)$$

若$B_o<1$，则$B_o=1$。$X_1$，$X_2$，$X_3$按表5.4取值。

表 5.4　$X_1,X_2,X_3$取值

| 系数 | $API°>30$ | $API°≤30$ |
|---|---|---|
| $X_1$ | $4.67×10^{-4}$ | $4.667×10^{-4}$ |
| $X_2$ | $1.100×10^{-5}$ | $1.751×10^{-5}$ |
| $X_3$ | $1.337×10^{-9}$ | $-1.811×10^{-8}$ |

2.　油气密度参数

(1)溶解在油中的气体在标准状态下相对密度 $\Delta_{gd}$

$$\Delta_{gd} = (-3.57 \times 10^{-6} API° - 2.86 \times 10^{-9}) \cdot 5.615R_s + 0.02API° + 0.25 \tag{5-46}$$

若 $\Delta_{gd} < 0.56$，则 $\Delta_{gd} = 0.56$；若 $\Delta_{gd} < \Delta_{gs}$，则 $\Delta_{gd} = \Delta_{gs}$。

（2）自由气体在标准状态下的相对密度 $\Delta_{gf}$

$$\Delta_{gf} = \frac{GOR \cdot \Delta_{gs} - R_s \cdot \Delta_{gd}}{GOR - R_s} \tag{5-47}$$

若 $\Delta_{gf} < 0.56$，则 $\Delta_{gf} = 0.56$；若 $\Delta_{gf} > \Delta_{gs}$，则 $\Delta_{gf} = \Delta_{gs}$。

（3）油在 $P$，$T$ 状态下溶解气体之后的密度 $\rho_l$

$$\rho_l = \begin{cases} \dfrac{1\,000\Delta_{ls} + 1.205R_s \cdot \Delta_{gd}}{B_o} & P < P_b \\[3mm] \left[\dfrac{1\,000\Delta_{ls} + 1.205GOR \cdot \Delta_{gd}}{B_o}\right] \cdot \exp[0.1450C_0(P - P_b)] & P \geq P_b \end{cases} \tag{5-48}$$

式中，$\rho_l$ 单位为 $kg/m^3$。

(4)气体的压缩系数 $Z$

首先计算天然气的视临界温度和压力，分别按下式计算，即

$$T_c = a_0 + a_1\Delta_{gs} \tag{5-49}$$

$$p_c = b_0 + b_1\Delta_{gs} \tag{5-50}$$

系数按表5.5选择。

表5.5　$a_0, a_1, b_0, b_1$ 系数的选择

| 系数 | 富气(湿气) | | 贫气(干气) | |
|---|---|---|---|---|
| | $\Delta_{gs} < 0.7$ | $\Delta_{gs} \geq 0.7$ | $\Delta_{gs} < 0.7$ | $\Delta_{gs} \geq 0.7$ |
| $a_0$ | 106 | 132 | 92 | 92 |
| $a_1$ | 152.22 | 116.67 | 176.67 | 176.67 |
| $b_0$ | 477 8 | 510 2 | 477 8 | 488 1 |
| $b_1$ | -248.21 | -689.48 | -248.21 | -396.11 |

第二步计算天然气的对比温度和对比压力，如下：

$$T_r = \frac{T + 273.16}{T_c} \tag{5-51}$$

$$p_r = \frac{p}{p_c}$$

气体压缩系数按如下计算：

当 $5.4 < p_r \leq 15.0$，且 $1.05 \leq T_r \leq 3.0$ 时，有

$$Z = \frac{p_r}{(3.66T_r + 0.711)^{-1.4667}} - \frac{1.637}{0.319T_r + 0.522} + 2.071 \tag{5-52}$$

当 $0.2 < p_r \leq 5.4$ 时，有

$$Z = p_r(AT_r + B) + CT_r + D \tag{5-53}$$

$A$，$B$，$C$，$D$ 按表 5.6 取值。

**表 5.6　$A$，$B$，$C$，$D$ 取值**

| $p_r$ | $T_r$ | $A$ | $B$ | $C$ | $D$ |
|---|---|---|---|---|---|
| 0 ~1.2 | 1.05~1.2 | 1.664 3 | -2.211 4 | -0.364 7 | 1.438 5 |
| | 1.2+~1.4 | 0.522 2 | -0.851 1 | -0.036 4 | 1.049 0 |
| | 1.4+~2.0 | 0.139 2 | -0.298 8 | 0.000 7 | 0.996 9 |
| | 2.0+~3.0 | 0.029 5 | -0.082 5 | 0.000 9 | 0.996 7 |
| 1.2+~2.8 | 1.05~1.2 | -1.357 0 | 1.494 2 | 4.631 5 | -4.700 6 |
| | 1.2+~1.4 | 0.171 7 | 0.323 2 | 0.586 9 | 0.122 9 |
| | 1.4+~2.0 | 0.098 4 | -0.205 3 | 0.062 1 | 0.858 0 |
| | 2.0+~3.0 | 0.021 1 | -0.052 7 | 0.012 7 | 0.954 9 |
| 2.8+~5.4 | 1.05~1.2 | -0.327 8 | 0.475 2 | 1.822 3 | -1.903 6 |
| | 1.2+~1.4 | -0.252 1 | 0.387 1 | 1.608 7 | -1.663 5 |
| | 1.4+~2.0 | -0.028 4 | 0.062 5 | 0.471 4 | -0.001 1 |
| | 2.0+`3.0 | 0.004 1 | 0.003 9 | 0.060 7 | 0.792 7 |

（5）$P$，$T$ 状态下气体的密度 $\rho_g$

$$\rho_g = \frac{6.271\,2 \cdot \Delta_{gf} \cdot P}{Z(1.8T + 492)} \tag{5-54}$$

式中，$\rho_g$ 单位为 kg/m³。

3. 油气黏度参数

（1）原油黏度

当 $P = P_b$ 时，有

$$\mu_{ob} = \frac{0.05064\sqrt{\Delta_{gs}}}{\sqrt[3]{R_s}\left(\dfrac{1.8T + 492}{460}\right)^{4.5}(1 - \Delta_{ls})^3} \times 10^{-6} \tag{5-55}$$

式中，$R_s$ 为 $P_b$ 和 $T$ 下的溶解度。

当 $P > P_b$ 时，有

$$\mu_a = \mu_{ob}\exp\left[1.3924 \times 10^{-5}(P - P_b)\right] \times 10^{-6} \tag{5-56}$$

当 $P < P_b$ 时，有

$$\mu_b = \mu_{ob}\left(\frac{P}{P_b}\right)^{-0.14}\exp\left[-3.626 \times 10^{-5}(P - P_b)\right] \times 10^{-6} \tag{5-57}$$

黏度的单位为 Pa·s，下同。

（2）天然气的黏度

$$\mu_g = C \times 10^{-3} \exp\left[x\left(0.001\rho_g\right)^y\right] \times 10^{-6}$$

$$C = \frac{\left(1.26 + 0.078\Delta_{gs}\right)\left(T + 273.16\right)^{1.5}}{116 + 306\Delta_{gs} + \left(T + 273.16\right)} \tag{5-58}$$

$$x = 3.5 + \frac{548}{T} + 0.29\Delta_{gs}$$

$$y = 2.4 - 0.2x$$

#### 4.油气表面张力参数

$P$，$T$下油气原油表面张力为

$$\sigma_l = \left(47.5\Delta_{ls} - 0.084\,27T - 9.189\,6\right) \times 10^{-3} \exp\left(-0.101\,27P - 0.018\,563\right) \tag{5-59}$$

#### 5.油气流动参数

有了黑油模型计算出的各种参数之后，就可以计算得到管内 $P$，$T$ 状态下两相流动的流动参数。

（1）体积流量

$$Q_g = \frac{ZP_{st}(T + 273.16)}{T_{st}P}(GOR - R_s) = \frac{1.01325 \times 10^5 Z(T + 273.16)}{293.15P}(GOR - R_s) \tag{5-60}$$

$$Q_l = Q_{ls}B_o$$

$$Q_g = \frac{ZP_{st}(T + 273.16)}{T_{st}P}(GOR - R_s) = \frac{1.013\,25 \times 10^5 Z(T + 273.16)}{293.15P}(GOR - R_s) \tag{5-61}$$

式中，各参数含义与前面相同。

（2）质量流量

$$G_l = Q_l \cdot \rho_l \tag{5-62}$$

$$G_g = Q_g \cdot \rho_g \tag{5-63}$$

### 5.6.3 气液两相流动的压降计算

一个完整的两相流水力模型包括流型判断、持液率和压降计算。其中流型判别、持液率的计算是基础，最终的目的是为了计算压降。目前管线压降计算模型主要有均相流模型、分相流模型、漂移流模型和流型模型压降计算方法。然而在众多模型中，还没有一个能准确计算所有参数的，要准确计算，只能根据不同的条件选择不同模型。

均相流模型将气液两相混合物看成均匀介质，在计算过程中所有的参数均用两相介质的平均值来计算。有如下的假定：气液两相速度相等；气液两相已达热力学平衡状态。计算沿程摩阻时，使用单相流体的摩阻计算公式，由实验或实测数据确定。均相流模型不考虑两相之间的相互作用，也不考虑两项流动的流动形态，对流动做出了较大的简化。该模型对于泡状流和雾状流具有较好的适用性。

分相流模型将两相作为完全分离的两种流体，每相介质有其平均流速和独立的物性参数，力求能反映多相流机理和能量损失规律，较著名的分享流公式有 DUKLER 公式。分相流模型不考虑气液相界面间的相互作用，适用于层状流、波状流和环状流。有如下假定：气液两相介质各自的平均流速按各自所占断面面积计算；两相之间存在质量交换，但仍假设两相之间处于热力学平衡状态，密度与压力互为单值函数。

飘移流模型又称为混合模型，它可以看作是介于均相流模型和分相流模型之间的一种处理方法。在均相流模型中，没考虑两相间的相互作用；在分流模型中，每相的流动特性仍然是孤立的；而在飘移流模型中，引入气相漂移速度参数，既考虑了气液两相之间的相对速度，又考虑了空隙率和流速沿过流断面的分布规律。这种方法利用稳态流动的关系式计算持液率大小，而对其他参数计算仍旧沿用了均相流或分相流模型中的方法。

流型模型顾名思义，是在确定了气液两相流的流型基础之后，由于流型的不同能量损失的机理也不相同，再用不同的计算公式计算。因而，流型模型是可以区别不同的流型分别计算，结果比上面的模型更为准确。

实际应用中，根据不同的内容选用不同的计算公式，即所谓的混合模型压降计算法。气液两相流的压降分为三个部分，即摩阻压降、高程压降和加速压降。常用的混合模型如表5.7所示，除此之外，还有很多组合。

表 5.7　常见的混合模型

| 模型代码 | 流型划分相关式 | 持液率 | 压降计算式 | | |
|---|---|---|---|---|---|
| | | | 摩阻压降 | 高程压降 | 加速压降 |
| DEF | 无 | Eaton | Dukler | Flanigan | Eaton |
| DF | 无 | Dukler | Dukler | Flanigan | 无 |
| EF | 无 | Eaton | Eaton | Flanigan | Eaton |
| LM | 无 | LM | LM | 无 | 无 |
| Eaton | 无 | Eaton | Eaton | Eaton | Eaton |
| BB | BB | Beggs & Brill | BB | BB | BB |
| BBNS | BB | No Slip Holdup | BB with Moody | BB(No slip) | BB |
| BBM | BB | Beggs & Brill | BB with Moody | BB | BB |
| BBMD | BB | Dukler | BB with Moody | BB | BB |
| BBME | BB | Eaton | BB with Moody | BB | BB |
| BBMHB | MB | BB | BB with Moody | BB | BB |
| MB | MB | MB | MB | MB | MB |
| MUBE | MB | Eaton | MB | MB | MB |
| XB-BAR-KS-SOL | BAR-SOL | 无 | XB-KS-SOL | 无 | 无 |
| XB-BAR-BB-CW-MW | XB-BAR | BB-CW-MW | BB-CW-MW | BB-CW-MW | BB-CW-MW |
| XB-BAR-MB-CW-MW | XB-BAR | MB-CW-MW | MB-CW-MW | MB-CW-MW | MB-CW-MW |

本书中，将海底管道分为两类，一类水平管道，一类倾斜管道，水平管道直接采用 Baker 方法计算压降。而倾斜管道的压降则分为两部分，首先将整个井筒视为水平，此时由于没有流体的举升因而不存在重力压降，只需计算摩阻压降，同样采用 Baker 方法；然后单独计算流体从底部上升到顶部的压力损耗，总的压降就是摩阻压降与重力压降之和。

1. 洛-马参数

设管道内气液两相共流，其质量流量为 $G$，$G=G_g+G_l$，入口与出口之间的压降为 $dP$。另设在相同的管道内只有液相流动，其质量流量为 $G_l=G(1-\alpha)$，而它的压降为 $dP_l$。定义这两种情况下压降梯度的比值为分液相折算系数，以 $\phi_l^2$ 表示，即

$$\phi_l^2 = \frac{\Delta P}{\Delta P_g} = \frac{\dfrac{dP}{dl}}{\left(\dfrac{dP}{dl}\right)_l} \tag{5-64}$$

同样地定义分气相折算系数，另设在相同的管道内只有气相流动，其质量流量为 $G_g=G\alpha$，而它的压降为 $dP_g$，以 $\phi_g^2$ 表示分气相折算系数，即

$$\phi_g^2 = \frac{\Delta P}{\Delta P_g} = \frac{\dfrac{dP}{dl}}{\left(\dfrac{dP}{dl}\right)_g} \tag{5-65}$$

定义洛-马参数 $X^2$ 为

$$X^2 = \frac{\Delta P_l}{\Delta P_g} = \frac{\left(\dfrac{dP}{dl}\right)_l}{\left(\dfrac{dP}{dl}\right)_g} = \frac{\phi_g^2}{\phi_l^2} \tag{5-66}$$

式中，$\left(\dfrac{dP}{dl}\right)_l$ 为当管道内只有液相时的压降梯度，Pa/m；$\left(\dfrac{dP}{dl}\right)_g$ 为当管道内只有气相时的压降梯度，Pa/m。

分相压降表达式为

$$\left(\frac{dP}{dl}\right)_i = \frac{\lambda_i w_{si}^2 \rho_i}{2D} \tag{5-67}$$

式中，下标 $i$ 代表气相或液相，应用于气相时，$i=g$；应用于液相时，$i=l$。

此时，代入式（5-65），$X$ 变为

$$X = \frac{w_{sl}}{w_{sg}} \sqrt{\frac{\lambda_{sl} \rho_l}{\lambda_{sg} \rho_g}} \tag{5-68}$$

式中，$\lambda_{sl}$ 为假定液体单独在管内流动时，由液相折算速度计算的范宁摩阻系数；$\lambda_{sg}$ 为假定气体单独在管内流动时，由气相折算速度计算的范宁摩阻系数。

采用 Blasius 摩阻系数经验公式：

$$\lambda_i = \frac{0.3164}{Re_i^{0.25}} \tag{5-69}$$

$$Re_i = \frac{w_{si} D \rho_i}{\mu_i} \tag{5-70}$$

则 $X$ 又可写为

$$X = \left(\frac{w_{sl}}{w_{sg}}\right)^{7/8} \left(\frac{\rho_l}{\rho_g}\right)^{3/8} \left(\frac{\mu_l}{\mu_g}\right)^{1/8} \tag{5-71}$$

式中的参数可由黑油模型计算得到。洛一马参数计算之后，通过式（5-66）可计算得到管道的压降。

2.Baker压降计算法

对于水平管道，只需计算Baker压降即可，而对于倾斜管道，这是压降的其中一部分。Baker压降计算基于流型判断，用Baker流型图判断流型，接着针对不同的流型用不同的压降计算公式计算压降。Baker的数据大部分选自6~10 in[①]的管道，对于直径大于6 in的管道效果较好。Baker将流型分为七种：气泡流、气团流、分层流、波浪流、冲击流、环状流和弥散流。Baker流型分界图中以$\frac{G_l\theta\psi}{G_g}$作为横坐标，$\frac{G_g}{A\theta}$作为纵坐标。参数$\theta$，$\psi$定义为

$$\theta = \sqrt{\Delta_g\Delta_l} \tag{5-72}$$

$$\psi = \frac{73 \times 10^{-3}}{\sigma_l}\left[\mu_l\left(\frac{1}{\Delta_l}\right)^2\right]^{\frac{1}{3}} \tag{5-72}$$

式中，$\Delta_l$为管路条件下气体对空气的相对密度；$\Delta_g$为液体对水的相对密度；$\sigma_l$为管路条件下液相的表面张力，N/m；$\mu_l$管路条件下液相黏度，mPa·s。

确定了流型之后，根据不同的流型计算压降。

①泡状流

$$\Delta P_f = 53.88X^{1.5}\left(\frac{A}{G_l}\right)^{0.2} \cdot \Delta P_g \tag{5-74}$$

②团状流

$$\Delta P_f = 79.03X^{1.71}\left(\frac{A}{G_l}\right)^{0.34} \cdot \Delta P_g \tag{5-75}$$

③层状流

$$\Delta P_f = 6120X^{1.71}\left(\frac{A}{G_l}\right)^{1.6} \cdot \Delta P_g \tag{5-76}$$

④波状流

$$\Delta P_f = 0.0175\left(\frac{G_l\mu_l}{G_g\mu_g}\right)^{0.209} \cdot \frac{w_{sg}^2\rho_g}{2D} \cdot \Delta L \tag{5-77}$$

⑤冲击流

$$\Delta P_f = 1920X^{1.63}\left(\frac{A}{G_l}\right) \cdot \Delta P_g \tag{5-78}$$

⑥环状流

$$\Delta P_f = (4.8 - 12.3D)^2 X^{2(0.343-0.826D)} \cdot \Delta P_g \tag{5-79}$$

---

① 1 in=25.4 mm

⑦雾状流

$$\Delta P_f = \left\{ \exp\left[ 10^{-5} \begin{pmatrix} 2\ln^6 X + 3\ln^5 X \\ -90\ln^4 X - 100\ln^3 X \\ +6\,000\ln^2 X + 50\,000\ln X \end{pmatrix} + 1.4 \right] \right\} \cdot \Delta P_g \tag{5-80}$$

式中，$\Delta P_f$ 为多相流体的摩擦损失，kPa。

**3. Flanigan 举升重力压降计算**

Flanigan 用于计算倾斜管道的重位压降。Flanigan 分析了大量取自 16 in 口径管子的油田现场数据和 Baker 实验数据现场斜向流数据后提出：

（1）倾斜气液多相管流在上坡段由于高差而产生的压力损失远大于下坡段所能恢复的压能，因而可忽略下坡段所恢复的压能；

（2）倾斜气液多相管流由于爬坡而引起的重力损失与管路爬坡高度相关性强，与爬坡的总和成正比；

（3）上坡段的重力损失，随着气流速度的增大而减小。

根据以上的观点，Flanigan 提出了用于计算由于流体举升而产生的压降公式：

$$\Delta P_H = 0.001 F_e \rho_l g \Delta H \tag{5-81}$$

式中，$\Delta P_H$ 为多相流体由于举升而损失的压力，kPa；$\Delta H$ 为流体举升的垂直高度，m；$F_e$ 为举高系数，可按式（5-85）计算：

$$F_e = \frac{1}{1 + 1.0785 w_{sg}^{1.006}} \tag{5-82}$$

因而倾斜管气液混输管流的总压降即为摩擦压降与重位压降之和：

$$\Delta P = \Delta P_f + \Delta P_H \tag{5-83}$$

**4. 局部压力损失**

同单相流体一样，气液两相流经过接头、弯头、阀门等部件时也会经历局部压力损失，然而目前关于局部阻力的研究还不充分。下面介绍一些在海底管道中常用到的部件的局部压降损失一般简化计算方法。

（1）突扩接头

$$\Delta P = \frac{G^2}{2A_1^2 \rho_l} \left( 1 - \frac{A_1}{A_2} \right)^2 \left[ 1 + x\left( \frac{\rho_l}{\rho_g} - 1 \right) \right] \tag{5-84}$$

式中，$\Delta P$ 为局部压力损失，Pa；$A_1$，$A_2$ 分别为接头前后的管道截面积，m²；$x$ 为质量含气率，即气相质量流量与总质量流量之比；其他参数含义与前面相同。

（2）突缩接头

$$\Delta P = \frac{G^2}{2A_2^2 \rho_l} \left( \frac{A_2}{A_c} - 1 \right)^2 \left[ 1 + x\left( \frac{\rho_l}{\rho_g} - 1 \right) \right] \tag{5-85}$$

式中，$A_c$ 是混合物流过突缩接头过程中截面收缩到最小的一个截面，m²，按表 5.8 取值；其他参数含义与前面相同。

**表 5.8　$A_c/A_2$ 的取值**

| $A_2/A_1$ | 0 | 0.2 | 0.4 | 0.6 | 0.8 | 1.0 |
|---|---|---|---|---|---|---|
| $A_c/A_2$ | 0.568 | 0.598 | 0.625 | 0.686 | 0.790 | 1.0 |

（3）弯头

$$\Delta P = \zeta_{bo}\frac{G^2}{2A^2\rho_l}\left\{1+\left(\frac{\rho_l}{\rho_g}-1\right)\left[\frac{2}{\zeta_{bo}}x(1-x)\Delta\left(\frac{1}{s}\right)+x\right]\right\} \tag{5-86}$$

式中，$\zeta_{bo}$ 为单相流体流过弯头的局部阻力系数；$A$ 为管子的截面积，$m^2$；$\Delta\left(\frac{1}{s}\right)$ 为滑动增量，由式（5-86）计算：

$$\Delta\left(\frac{1}{s}\right)=\frac{1.1}{2+\frac{R}{d}} \tag{5-87}$$

式中，$R$ 为弯头的曲率半径，$m$；$d$ 为弯头的直径，$m$。

（4）其他管件

$$\Delta P = \zeta\frac{G^2}{2A^2\rho_l}\left[1+x\left(\frac{\rho_l}{\rho_g}-1\right)\right] \tag{5-88}$$

式中，$\zeta$ 为气液两相流动的局部阻力系数，可在单相流动的局部阻力系数 $\zeta_0$ 的基础上加以矫正，$\zeta=c\zeta_0$，$c$ 按经验公式计算：

$$c=1+c'\left[\frac{x(1-x)\left(1+\frac{\rho_l}{\rho_g}\right)\sqrt{1-\frac{\rho_g}{\rho_l}}}{1+x\left(\frac{\rho_l}{\rho_g}-1\right)}\right] \tag{5-89}$$

对于不同的管件 $c'$ 有不同的取值，闸阀取 0.5，截止阀取 1.3，三通阀取 0.75。

如前面所述，压降计算的第一步是计算两相流体在管道内条件下的各热物性参数，这是后面所有步骤的基础。压降计算的过程也需要分段，例如在管道弯头、尺寸变化之时。在前一段的结果计算出之后，再计算下一段时需要由前面的计算结果重新开始进行热物性参数从而进行后面的压降计算。

### 5.6.4　气液两相流的孔口泄漏

气液两相流的小孔泄漏过程可用流过油嘴的过程模拟，泄漏的孔径大小即为油嘴的尺寸。流体通过油嘴后，压力会下降，流速会增加。上游压力越高，气嘴孔眼直径越小，在下游速度增加得越多。但是这个过程是有上限的，当下游压力达到某值时，此时，流体在气嘴孔道里被加速到声速时的流动状态，称为临界流动状态。此时无论怎样降低下游压力，都不会增大介质流速，并以声波或压力波传播速度流动。

设气体流过油嘴为多变过程，假设油、气、水以相同的速度流过油嘴，根据能量方程式，推导油嘴下游喉部的混合物流速，从而得到混合物的质量流量：

$$G_r=CA_0\left(\frac{2p_1}{V_1}\right)^{0.5}\frac{\left[\frac{n}{n-1}R_1\left(1-\varepsilon^{\frac{n-1}{n}}\right)+(1-\varepsilon)\right]^{0.5}}{1+R_1\varepsilon^{\frac{1}{n}}} \tag{5-90}$$

式中，$G_r$ 为泄漏的总质量流量，$kg/s$；$C$ 为流量系数，为实际的体积流量与理想的体积流量之比，其值通常接近 1；$A_0$ 为泄漏孔面积，$m^2$；$V_1$ 为单位质量流体中的液体体积，近似视为常数，按式(5-76)计算；$n$ 为气体多变常数，可近似地取 1.04；$\varepsilon$ 为泄漏孔管外压强与管内压强之比；$R_1$ 为泄漏孔处的气液比，按式（5-75）计算；$p_1$ 为泄漏孔处的管内压强，$P_1 = P - \Delta P$。

$$R_1 = \frac{1}{B_0}(GOR - R_s)\frac{P_{st}(T_1 + 273.16)Z_1}{P_1 T_{st}} \tag{5-91}$$

式中，$GOR$ 为生产气油比；$Z_1$ 为泄漏孔处的气体压缩因子；$B_0$ 为泄漏孔处的体积系数；$R_s$ 为泄漏孔处的溶解气油比；$T_1$ 为泄漏孔处的管内温度，℃。

$$V_1 = \frac{B_0}{\rho_{ls} + GOR \cdot \rho_{gs}} \tag{5-92}$$

式中，$\rho_{ls}$ 为生产的原油密度，kg/m³；$\rho_{gs}$ 为生产的天然气密度，kg/m³。

每生产单位体积地面脱气原油，其油气总质量为一常数，其中油的质量分数为

$$x = \frac{\rho_{ls}}{\rho_{ls} + GOR \cdot \rho_{gs}} \tag{5-93}$$

因此，最终泄漏的油的质量流量为

$$G_{rl} = xCA\left(\frac{2p_1}{V_1}\right)^{0.5}\frac{\left[\frac{n}{n-1}R_1\left(1 - \varepsilon^{\frac{n-1}{n}}\right) + (1 - \varepsilon)\right]^{0.5}}{1 + R_1\varepsilon^{\frac{1}{n}}} \tag{5-94}$$

式中，$G_{rl}$ 为泄漏的油的质量流量，kg/s。

而泄漏的气的质量流量为

$$G_{rg} = (1 - x)CA\left(\frac{2p_1}{V_1}\right)^{0.5}\frac{\left[\frac{n}{n-1}R_1\left(1 - \varepsilon^{\frac{n-1}{n}}\right) + (1 - \varepsilon)\right]^{0.5}}{1 + R_1\varepsilon^{\frac{1}{n}}} \tag{5-95}$$

式中，$G_{rg}$ 为泄漏的气的质量流量，kg/s。

对于混合物流过油嘴的两相流动，可以近似地取 $\varepsilon_c = 0.544$。也就是说，当压力比小于 0.544 时，流量达到最大值：

$$G_r = 0.615CA\left(\frac{p_1}{V_1}\right)^{0.5}\frac{(R_1 + 0.76)^{0.5}}{R_1 + 0.56} \tag{5-96}$$

泄漏的油的质量流量：

$$G_{rl} = 0.615xCA\left(\frac{p_1}{V_1}\right)^{0.5}\frac{(R_1 + 0.76)^{0.5}}{R_1 + 0.56} \tag{5-97}$$

当孔口小于 $0.2D$ 时：

$$Q_{rl} = G_{rl} \cdot t \tag{5-98}$$

式中，$t$ 参考表 5.2 小孔径的取值。

当孔口大于 $0.2D$ 小于 $0.8D$ 时：

$$Q_{rl} = G_{rl} \cdot t + V_{pipe} \cdot f_{rel} \cdot f_{GOR} \tag{5-99}$$

式中，第一部分即为关断之前的管道泄漏量，$t$ 参考表 5.2 大孔径的取值，第二部分即为关断之后的泄漏量，具体计算将在 5.6.5 中具体介绍。

### 5.6.5  气液两相流的断裂泄漏

参考MMS的Pipeline Oil Spill Volume Estimator的用户手册，用初始方法对泄漏量进行估算。该方法基于以下两点假设：

①一段水平管道段；

②管道的完全断裂。

可见这个方法的适用性局限于水平管道段，对于其他角度的管道例如铅直管道的适用性不强。计算公式如下：

$$V_{rl} = V_{pipe} \cdot f_{rel} \cdot f_{GOR} + V_{pre-shut} \tag{5-100}$$

式中，$V_{rl}$ 为总泄漏量，$m^3$；$V_{pipe}$ 为两阀之间的管道体积，$m^3$；$f_{rel}$ 为最大泄漏体积分数；$f_{GOR}$ 为气油比折减系数；$V_{pre-shut}$ 为管道关闭之前油的泄漏量，$m^3$。

$$V_{pre-shut} = Q \cdot t \tag{5-101}$$

式中，$Q$ 为管道液体的输送流量，$m^3/s$；$t$ 为管道关闭前的溢油时间，s。

最大泄漏体积分数与气油比折减系数分别按表5.9和表5.10取值。

**表5.9  最大泄漏体积分数取值**

| 内外压力比 | 最大泄漏体积分数 | $G_{max}$（scf/stb） |
| --- | --- | --- |
| 1 | 0.0 | 无泄漏 |
| 1.1~1.2 | 0.08 | 140 |
| 1.2~1.5 | 0.17 | 225 |
| 1.5~2.0 | 0.30 | 337 |
| 2.0~3.0 | 0.40 | 449 |
| 3.0~4.0 | 0.47 | 505 |
| 4.0~5.0 | 0.50 | 560 |
| 5.0~10 | 0.55 | 505 |
| 10~20 | 0.64 | 337 |
| 20~30 | 0.71 | 168 |
| 30~50 | 0.74 | 140 |
| 50~200 | 0.76 | 112 |
| >200 | 0.77 | 112 |

表中的内外压力比指的是泄漏孔处的内外压力比，管道内部压强由前面5.6.3节内容计算得到，外压强由水深决定。

**表5.10　气油比折减系数**

| GOR | GOR < $G_{max}$ | GOR > $G_{max}$ |
|---|---|---|
| 0~40.05 | | 1 |
| 40.05~49.84 | | 0.98 |
| 49.84~60.52 | $f_{GOR} = \dfrac{GOR}{G_{max}}$ | 0.97 |
| 60.52~74.76 | | 0.95 |
| 74.76~99.68 | | 0.90 |
| 99.68~195.8 | | 0.85 |
| 195.8~302.6 | | 0.82 |
| 302.6~498.4 | — | 0.63 |
| 498.4~996.8 | | 0.43 |
| 996.8~2011.4 | | 0.26 |

则管道液体的泄漏质量为

$$Q_{rl} = \rho_{ls} \cdot V_{rl} \tag{5-102}$$

式中，$Q_{rl}$ 为液体泄漏质量，kg；$\rho_{rls}$ 为液体在标准状态下的密度，kg/m³。

## 5.7　综合溢油量

上述的计算过程仅仅是计算了单个风险源的溢油量，然而实际的指标中的溢油量显然是一个综合指标，并不能仅仅单纯地由一个风险源决定。因而考虑到这一点，本书提出综合溢油量的概念。综合溢油量也就是海底管道溢油后果指标体系中考虑的一项，将可能性指标体系中的五大溢油源可能产生的泄漏量综合起来，对最终溢油量进行考虑的一个标准。

它的计算过程是：

①首先应用本章之前的章节计算各风险源对应的溢油量；

②根据已经计算出的可能性各风险源分值 $A_1$，$A_2$，$A_3$，$A_4$，$A_5$，计算对应的溢油量权重 $a_i = \dfrac{A_i}{\sum A_i}$；

③计算综合溢油量 $Q_{final\,spill} = \sum a_i Q_i$，$Q_i$ 为各风险源对应的溢油量。

## 5.8　本章小结

本章分别介绍了海底输油、输气、混输管道的溢油量计算方法。输油管道分为孔口泄漏和断裂泄漏，输气管道分为大孔泄漏、小孔泄漏和断裂泄漏，混输管道分为孔口泄漏和断裂泄漏。管道泄漏首先需要确定泄漏孔径和泄漏时间，针对不同的溢油风险源的破坏程度，本书假设了可能的泄漏孔径，并且针对不同的泄漏孔径设置了不同的泄漏时间。

　　对于小孔的泄漏，假设管道不停输因而泄漏量为泄漏时间与泄漏速率之积；对于大孔泄漏和断裂泄漏，假设管道关断，泄漏量分为两个部分，关断之前泄漏量与关断之后的泄漏量。对于液体泄漏假设关断之后不再泄漏，而对于气体泄漏假设关断之后泄漏量即为两阀之间的管道体积。

　　最后为了应用到溢油后果指标体系中，提出了综合溢油量的概念。综合溢油量是将可能性指标体系中的五大溢油源可能产生的泄漏量综合起来，对最终溢油量进行考虑的一个标准。

# 第6章 海底管道腐蚀溢油概率评估

## 6.1 引　言

本章内容属于风险分析中的定量分析内容，仅仅是对定量分析做一个初探。海底管道长期处于海洋环境中，极易遭受腐蚀。腐蚀已经成为海底管线失效最重要的原因之一。海底管道造价高昂，溢油后果危害大。因此为了预防海底管道发生恶性事故，需要对管道溢油失效概率做出评估，以确保海底管道的安全性。

管道腐蚀会削减管道壁厚尺寸，从而降低结构完整性，管道承载能力降低，最后造成管道破裂或穿孔，造成管道溢油。对于管道腐蚀失效问题，涉及到腐蚀缺陷尺寸，腐蚀演变，腐蚀速率，腐蚀管道的承载力等问题，工程上已存在许多模型描述这些特征。海底管道的腐蚀溢油概率计算需要根据已有数据以及工程实际应用选择合适的模型。

对于腐蚀管道剩余强度模型，已经有了许多的研究和模型。ASME B31G 规范以及它的修正版的制定采用了 Kiefner 和 Vieth 的研究，用于评价表面腐蚀对管道爆破压力的不利影响。DNV 的 RP-F101 规范不仅能考虑管道承受内压荷载，还可考虑承受轴向和弯曲载荷。

概率的计算涉及到诸多方面的不确定性，相关文献资料中将不确定性的来源建议了不同的分类体系。用于描述某不确定性参数之假设分布的不确定性的参数为统计不确定性参数，例如管道尺寸、材料性能参数的概率分布。管道内部压力、环境荷载等参数随时间的推移而随机变化，属于随机变化性的实例。此外还有测量不确定性，模型不确定性，要合理计算概率值，这些不确定性就要得到合理的评价。

管道失效概率的研究早已开展。最初的可靠性评价基于 B31G 规范，采用 FOSM 方法，之后又发展出 FORM/SORM 等可靠性方法。文献以 B31G 为标准，综合考虑了腐蚀深度、长度、管道直径、壁厚、屈服强度等随机性，建立了可靠性模型。本书旨在在以可靠性方法为基础，研究适合工程实践的管道在腐蚀下的溢油概率的定量评估方法，并给出相关建议。

## 6.2　结构可靠性基本原理

进行结构可靠性分析，最重要的是要建立结构的极限状态函数：

$$Z = g(x_1, \ x_2, \ \cdots, \ x_n) \tag{6-1}$$

式中，$x_1$，$x_2$，$\cdots$，$x_n$ 为描述结构极限状态的基本变量，均为随机变量。

极限状态函数 $Z$ 一般与结构抗力 $R$、载荷效应 $S$ 两个随机变量有关，那么上式就可化为

$$Z = g(R, S) = R - S \tag{6-2}$$

如果 $Z$ 大于 0，那么管道处于可靠状态；相反，如果 $Z$ 小于 0，则管道失效。

在结构可靠性问题中，可靠概率 $P_r$ 一般远远大于失效概率 $P_f$，因此，通常采用失效概率 $P_f$ 的概念。此外，也可以采用可靠指标 $\beta$ 来衡量结构的安全性。可靠指标 $\beta$ 的物理意义是：在标准正态坐标系中，纵坐标原点到极限状态界面的最短距离。失效概率 $P_f$ 与可靠指标 $\beta$ 之间有如下关系，即

$$P_f = 1 - \phi(\beta) = \phi(-\beta) \tag{6-3}$$

## 6.3　腐蚀管道溢油极限状态的建立

基于可靠性方法计算腐蚀管道的溢油概率，首先需要对溢油的极限状态做一个定义。腐蚀管道失效模式分为两种：一种模式为腐蚀缺陷深度超过规定的壁厚百分比时失效，此时管道有泄露的危险；另一种模式为管道运行压力超过管道所能承受的爆破压力时，此时管道破裂。而这两种失效模式均能产生溢油的后果。因此本书中认为管道达到这两种极限状态中的任一种时，管道即发生溢油事故。本书中计算的腐蚀溢油概率即综合考虑了两种极限状态。

（1）基于腐蚀管道剩余强度的海底管道极限状态方程

$$Z = P_b - P_{op} \tag{6-4}$$

式中，$P_b$ 为爆破压力；$P_{op}$ 为运行压力。爆破压力 $P_b$ 的模型中一般包含管道材料屈服强度、管道壁厚、腐蚀深度、腐蚀长度等参数。

（2）基于缺陷深度的海底管道极限状态方程

$$Z = d_c - d \tag{6-5}$$

式中，$d_c$ 通常取壁厚的80%；$d$ 为腐蚀深度。

对于单个腐蚀缺陷而言，其失效概率为

$$P_f = \text{Prob}\,(Z \leqslant 0) = \Phi\,(-\beta) \tag{6-6}$$

## 6.4　腐蚀模型

海底管道为碳氢化合物提供有效、安全、可靠的运输方式。其运输产品中常常包含一些易造成腐蚀的组分，例如水、二氧化碳、硫化氢、硫酸还原物等。由于长时间处于管外海水和管内介质双重腐蚀条件下，管道会不可避免地发生腐蚀损坏。主要在外表面发生轴向外腐蚀，在管道内壁底部发生轴向内腐蚀。管道腐蚀缺陷的发展与时间相关，随着时间发展，腐蚀就成为威胁管道完整性的潜在因素。管道腐蚀缺陷在径向、轴向、环向上均有发展。通常，腐蚀缺陷简化成只考虑它在轴向上的腐蚀长度 $l$ 和沿壁厚方向上的腐蚀深度 $d$，而忽略环向上的腐蚀发展。

### 6.4.1　内腐蚀模型

#### 1.内腐蚀深度

介绍了三种腐蚀速率模型，分别是 de Waard-Millams 模型，de Waard-Lotz 模型和 SwRI 模型。腐蚀模型主要分为三类，即机械模型、半经验模型和经验模型。机械模型的

最有名的两个模型分别为 de Waard-Millams 模型和 de Waard-Lotz 模型。这两个腐蚀速率模型最开始考虑到了 $CO_2$ 分压和温度这两个影响参数，随后，又添加了 pH 值、流速等更多的影响因素。SwRI 模型中考虑了 $CO_2$ 分压、二氧化硫分压、氧气浓度、pH 值等因子。SwRI 模型相比 de Waard-Lotz 模型，考虑因素少一些，公式更为简洁，更加适用于概率计算。因此本书采用 SwRI 腐蚀速率模型去考虑内腐蚀的发展。

SwRI 模型（单位 mm/a）：

$$\frac{\mathrm{d}a}{\mathrm{d}t} = k \times C_I \times 0.0245 \times [8.7 + 9.86 \times 10^{-3}(c_{O_2})^2 - 1.48 \times 10^{-7}(c_{O_2})^2 - 1.31 \times \mathrm{pH} +$$
$$4.93 \times 10^{-2} \times P_{CO_2} \times P_{H_2S} - 4.82 \times 10^{-5} \times P_{CO_2} \times c_{O_2} - 2.37 \times 10^{-3} \times P_{H_2S} \times c_{O_2} - \qquad (6\text{-}7)$$
$$1.11 \times 10^{-3} c_{O_2} \times \mathrm{pH}]$$

式中，$P_{CO_2}$ 是 $CO_2$ 在混合物中的分压；$P_{H_2S}$ 是 $H_2S$ 在混合物中的分压；$c_{O_2}$ 是氧气浓度，mg/L。$P_{CO_2} = P_{op} \times \%CO_2 \times 0.1$ bar（1 bar=100 kPa），其中 $P_{op}$ 单位为 MPa；$P_{H_2S}$ 计算同 $P_{CO_2}$。$k$ 是模型误差；$C_I$ 是腐蚀阻蚀剂校正系数，由式（6-8）计算。

$$C_I = 1 - \mathrm{e}^{-A\frac{L}{L_0}} \qquad (6\text{-}8)$$

式中，$A$ 是模型系数；$L$ 是腐蚀点处管道长度；$L_0$ 是特征长度。如图 6.1 所示，$L_0$=1 000 km。此系数是为了计算腐蚀阻蚀剂沿管道长度对腐蚀速率的影响，这里假设阻蚀剂仅加在入口，且中间并无别的阻蚀剂注入。由公式（6-8）可知，在此假设之下当 $L=L_0$ 时，$C_I$ 最大，此时腐蚀速率最大。表 6.1 中列出了本书中计算可靠性算例的一些与腐蚀速率相关变量的概率模型。

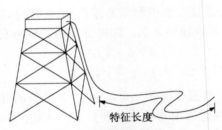

**图 6.1　管道特征长度 $L_0$**

**表 6.1　内腐蚀速率相关随机变量概率模型（参考文献[71]）**

| 随机变量及其单位 | 分布类型 | 平均值 | 变异系数 |
|---|---|---|---|
| %$CO_2$(mole%) | 对数正态 | 0.5 | 0.2 |
| $O_2$(0.01‰) | 对数正态 | 3 000 | 0.3 |
| pH | 对数正态 | 6 | 0.18 |
| %$H_2S$(mole%) | 对数正态 | 0.05 | 0.1 |
| $k$ | 对数正态 | 1 | 0.5 |
| $A$ | 对数正态 | 1 | 0.5 |

表中 %$CO_2$，%$H_2S$ 分别表示 $CO_2$，$H_2S$ 摩尔体积分数。本书考虑设计寿命为 20 年，腐蚀深度 $d = \frac{\mathrm{d}a}{\mathrm{d}t} \cdot T$。

2. 内腐蚀长度

腐蚀测量结果表明腐蚀深度与腐蚀长度之间并没有直接联系，对于一个给定的腐蚀深度，实际可以有多个腐蚀长度与之对应。Zimmerman等认为腐蚀长度可以用一个变异系数为0.5的威布尔分布来描述。威布尔分布需要确定两个参数，形状参数和比例参数。变异系数为0.5时，威布尔分布的形状参数 $\beta'$ 为2.1。假定 $F(l_c)=0.9$，即假定腐蚀长度大于特征长度 $l_c$ 的概率为0.9，$l_c$ 取为管道直径的80%，那么威布尔分布的比例参数 $\theta$ 可由式（6-9）确定：

$$P(l \geq l_c) = 1 - F(l_c) = \mathrm{e}^{-\left(\frac{l_c}{\theta}\right)^{\beta'}} = \int_{l_c}^{\infty} f(l)\mathrm{d}l \tag{6-9}$$

### 6.4.2 外腐蚀模型

外腐蚀缺陷的发展与管道材料和海洋环境相关。与内腐蚀不同的是，并没有一个比较好的腐蚀速率模型去模拟外腐蚀速率，一般都是通过统计测量来获得外腐蚀数据。在海底管道服役初期，腐蚀速率较大，然而随着服役时间的增加，腐蚀速率逐渐减缓并趋于稳定。根据Southwell等提供的大量数据，在海水腐蚀中，获得稳定的腐蚀速率的时间大约在4~5年之间。由于管线已服役时间与缺陷检测时间的年限一般需要15年以上，因此可以认为当海底管道进入服役稳定期后，腐蚀长度与深度随时间呈线性增长关系。基于这种假设，径向腐蚀速率 $V_r$ 和轴向腐蚀速率 $V_a$ 可以表达成

$$V_r = \frac{\Delta d}{\Delta T} \tag{6-10}$$

$$V_a = \frac{\Delta L}{\Delta T} \tag{6-11}$$

式中，$\Delta d$ 与 $\Delta L$ 是两次腐蚀深度与长度测量之差；$\Delta T$ 是对应的两次腐蚀测量的时间差；$V_r$ 与 $V_a$ 单位为mm/a。在确定腐蚀速率之后，即可计算腐蚀缺陷在 $T$ 时刻的深度 $d$ 和长度 $L$

$$d = d_0 + V_r(T - T_0) \tag{6-12}$$

$$L = L_0 + V_a(T - T_0) \tag{6-13}$$

式中，$d_0$ 是两次测量腐蚀深度值中的任一个，mm；$T_0$ 是与 $d_0$ 对应的时刻，a。

本书中，为了考虑外腐蚀深度与长度的变异性，在式（6-12）与式（6-13）的基础上将外腐蚀深度与长度均假设成服从威布尔分布的随机变量，将式（6-12）与式（6-13）计算出的值作为平均值，并且变异系数均为0.5，计算出威布尔分布的两个参数。

表6.2按照不同的平均腐蚀深度速率列出了腐蚀深度的威布尔概率分布模型。例如当腐蚀深度为5.00 mm时，则20年内平均腐蚀速率为0.25 mm/a。当腐蚀深度为3.03 mm时，20年内的平均腐蚀速率为0.15 mm/a。实际操作中可根据实际的腐蚀条件，构建出合理的腐蚀深度概率模型。

表6.2　外腐蚀深度概率模型($d_c$=0.35$t$)

| 分布类型 | 平均值/mm | 变异系数 | $P(d>d_c)$ |
|---|---|---|---|
| 威布尔 | 5.00 | 0.50 | 0.20 |
| | 4.22 | 0.50 | 0.10 |
| | 3.72 | 0.50 | 0.05 |
| | 3.03 | 0.50 | 0.01 |

　　本书中，为了与腐蚀深度保持一致，腐蚀长度也考虑不同的腐蚀速率，分别对应表6.2中的4个腐蚀深度，如表6.3。这样腐蚀缺陷就按照不同的腐蚀深度与长度分为了四组，以供后续的概率计算。

**表 6.3　外腐蚀长度概率模型($l_c=0.8D$)**

| 分布类型 | 平均值/mm | 变异系数 | $P(l>l_c)$ |
|---|---|---|---|
| 威布尔 | 402.76 | 0.50 | 0.20 |
|  | 339.61 | 0.50 | 0.10 |
|  | 299.61 | 0.50 | 0.05 |
|  | 244.14 | 0.50 | 0.01 |

　　图6.2分别给出了表6.2与表6.3中外腐蚀腐蚀深度与长度的各条威布尔概率密度函数曲线。

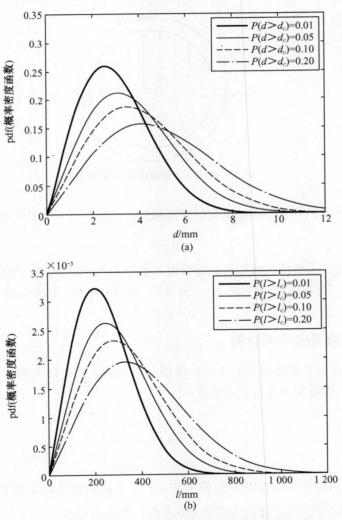

**图6.2　外腐蚀深度与长度的各条威布尔概率密度函数曲线**

(a)与深度的关系；(b)与长度的关系

# 6.5 腐蚀管道剩余强度模型

腐蚀管道的爆破压力也即剩余强度，也就是基于腐蚀剩余强度的海底管道极限状态方程中的抗力。在这方面，很多国家已经出台了相关的评价标准和方法。文献[74]中介绍了几中腐蚀管道的剩余强度评价工程方法。本书通过筛选，给出了三种较为合适的公式用于溢油概率的评估。

## 6.5.1 无缺陷管道的压力计算

如图6.3所示是一根无缺陷管道的横截面图，作用内部压力为 $P$（不计外压影响），应用Barlow公式计算环向应力 $\sigma_{hip}$ 为

$$\sigma_{hip} = \frac{PD}{2t} \tag{6-14}$$

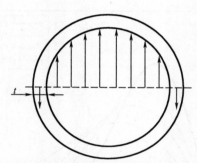

**图6.3 内压下完整管道的力平衡图示**

引入安全系数 $F$，并且将 $\sigma_{hip}$ 以钢材屈服强度 $\sigma_y$ 代替，则无缺陷管道的屈服压力为

$$p_{yip} = \frac{2\sigma_y t}{D}F \tag{6-15}$$

大多规范中均采用此公式作为完好管道爆破压力的计算公式。$F$ 取值按不同规范有不同取法。ASME B31G 中的值取为 1.1，而 DNV RP-F101 中 $F$ 取值与安全等级或者设计条件有关。

## 6.5.2 缺陷管道压力计算

Kiefner 等提出了剩余强度的半经验模型，为国际上大多规范和标准所采用。对于纵向腐蚀缺陷，失效环向应力由下式估算：

$$\sigma_{hdp} = \sigma_f \left[ \frac{1 - \frac{A_c}{A_0}}{1 - \frac{A_c}{A_0 M}} \right] \tag{6-16}$$

式中，$\sigma_f$ 是材料流变应力，与屈服强度相关；$A_c$ 是缺陷在轴向穿壁平面上的投影面积；$A_0$ 是缺陷原来壁厚的横截面积；$M$ 是 Folias 系数，表达式为

$$M = \left(1 + \frac{0.8L^2}{Dt}\right)^{0.5} \tag{6-17}$$

将式（6-16）代入式（6-17），腐蚀管道的爆破压力就可以表达为

$$P_{bdp} = \sigma_{hdp}\frac{2t}{D} = \sigma_f \left[\frac{1 - \dfrac{A_c}{A_0}}{1 - \dfrac{A_c}{A_0 M}}\right]\frac{2t}{D} \tag{6-18}$$

材料流变应力通常用最小屈服强度 *SMYS* 乘上一个设计系数 *F* 来表示，例如 1.1*SMYS*。

## 6.5.3　ASME　B31G

所有评价腐蚀管道的剩余强度模型中，ASME B31G 仍然是最广泛采用的规范，适用于仅承受内压的内外腐蚀管道。B31G 源于断裂力学理论，用于确定带有轴向缺陷的承压管线强度。

1.B31G 准则

当 $z = \dfrac{L^2}{Dt} \leqslant 20$ 时：

$$P_b = \frac{2t}{D}\sigma_f \left[\frac{1 - (2/3)(d/t)}{1 - (2/3)(d/t)/M}\right] \tag{6-19}$$

式中

$$M = (1 + 0.8z)^{0.5} \tag{6-20}$$

当 $z > 20$ 时：

$$P_b = \frac{2t}{D}\sigma_f(1 - d/t) \tag{6-21}$$

式中，$\sigma_f$ 取为 1.1*SMYS*，单位 MPa。

2.修正的 B31G 准则

在原有的 B31G 基础上，Kiefner 和 Vieth 发展了修正的 B31G 准则，对流动应力，Folias 系数和腐蚀区金属损失面积这三方面有所改进。修正的公式如下：

$$P_b = \frac{2t}{D}\sigma_f \left[\frac{1 - 0.85(d/t)}{1 - 0.85(d/t)/M}\right] \tag{6-22}$$

当 $z \leqslant 50$ 时，有

$$M = (1 + 0.627\,5z - 0.003\,375z^2)^{0.5} \tag{6-23}$$

当 $z > 50$ 时，有

$$M = 0.032z + 3.3 \tag{6-24}$$

修改后的准则中流变应力取 $\sigma_f = SMYS + 68.95$。

## 6.5.4　Netto 等模型

Netto 等基于 Buckingham's Ⅱ 定理通过实验与数值研究，建立了一个外腐蚀爆破压力模型。该模型考虑了腐蚀深度、腐蚀长度、壁厚、管道直径，即

$$\frac{P_b}{P_{bi}} = 1 - 0.943\,5\left(\frac{d}{t}\right)^{1.6}\left(\frac{l}{D}\right)^{0.4} \tag{6-25}$$

式中，

$$P_{bi} = \frac{1.1\sigma_y 2t}{D} \tag{6-26}$$

# 6.6  可靠性评估

根据 EURO-CODES EN1991 规范中的推荐，荷载的特征值应对应5%分位点。即特征值保证了95%的概率不被超过，$P(P_{op} > P_{cop}) = 1 - F(P_{cop})$。根据目前对于未破坏管道的设计准则，内操作压力的 $P_{op}$ 特征值则是由式（6-15）计算出的完整管道爆破压力的72%。因此，$P_{cop} = 0.72 P_{yip} = 20.14$ MPa。CSA Z662-07 中推荐操作压力服从极值 I 型分布。根据以下公式计算极值 I 型计算分布参数：

$$F_{P_{op}}(P_{cop}) = \exp\left[-e^{-\alpha_{op}\left(P_{cop} - u_{op}\right)}\right] \tag{6-27}$$

$$\alpha_{op} = \frac{1}{\sqrt{6}}\left(\frac{\pi}{\sigma_{P_{op}}}\right) \tag{6-28}$$

$$u_{op} = \mu_{P_{op}} - \frac{0.577\,2}{\alpha_{op}} \tag{6-29}$$

则操作压力概率模型如表6.4所示。

表6.4　操作压力概率模型

| 随机变量及其单位 | 分布类型 | 平均值 | 变异系数 |
|---|---|---|---|
| $P_{op}$/MPa | 极值 I 型 | 17.12 | 0.08 |

本书中用到的管道材料 API 5L X65 数据如表6.5所示。

表6.5　管道材料参数概率模型

| 随机变量及其单位 | 分布类型 | 平均值 | 变异系数 |
|---|---|---|---|
| $\sigma_y$/MPa | 对数正态 | 448 | 0.07 |
| $D$/mm | 正态 | 713 | 0.001 |
| $t$/mm | 正态 | 20.24 | 0.001 |

根据文中各表所列的概率模型数据，可以评估分别在内腐蚀、外腐蚀作用下，同时考虑基于腐蚀剩余强度和基于腐蚀缺陷两种极限状态下的失效概率作为腐蚀的溢油概率。计算失效概率的方法有 FORM、SORM、蒙特卡洛法等多种方法。考虑到极限状态方程中参数众多，若采用 FORM 或 SORM 方法需要迭代求解，十分复杂。由于计算机的高速发展，Matlab 软件中可以方便地产生各种类型的随机数，蒙特卡罗法很容易在其中实现，因此本书采用蒙特卡洛方法计算失效概率，用 Matlab 编制程序。

在 Matlab 的编制过程中，值得注意的是，为了同时考虑两种极限状态，对于产生的每一组随机变量，均代入两个极限方程中去，只要其中有一个 $z \leq 0$，则认为失效，也即发生溢油事故。

　　表6.6中列出了内腐蚀环境下在不同标准下的可靠指标。根据蒙特卡罗法，对于表6.1中的数据，可以得出内腐蚀下腐蚀速率的平均值为0.12 mm/a，而变异系数达到了0.96。所以尽管这个腐蚀速率从数值上看并不是很大，却由于它较大的变异性使可靠指标比较小，基于三个规范抗力模型的溢油概率都处于一个较高的水平。腐蚀速率的变异性，一方面是由于管道腐蚀缺陷本身具有较大的变异性，另外一个方面也是由于腐蚀速率模型存在的问题，并不存在一个模型能完美地模拟腐蚀。而所采用的腐蚀速率模型适用性又有它的局限性，导致计算出的腐蚀速率有较大偏差，最终对结果造成很大的影响。因此腐蚀速率模型的开发对管道腐蚀下溢油概率的计算具有重大意义，寻求一个适用于可靠性计算的腐蚀模型对于腐蚀管道的溢油概率计算十分重要。

**表6.6　内腐蚀可靠指标计算结果**

| 规范 | B31G | 修正 B31G | Netto 等 |
|---|---|---|---|
| $\beta$ | 2.71 | 2.50 | 2.63 |

　　尽管修正的B31G模型中算出的爆破压力均值（27.68 MPa）与B31G模型中的结果（26.58 MPa）相比更大一些，然而可靠指标反而是B31G更大一些。对比爆破压力的变异系数，修正的B31G模型爆破压力的变异系数为2.75，B31G模型则为2.43，由此可见变异性对可靠指标的影响。

　　表6.7中列出了不同等级腐蚀速率下的外腐蚀可靠指标。外腐蚀中将腐蚀深度与腐蚀长度均考虑成服从威布尔分布的随机变量，平均腐蚀深度速率从0.15 mm/a到0.25 mm/a不等。Matlab中统计得到不同标准中爆破压力的变异系数均在2.0左右，相比内腐蚀要得的多。因此即使腐蚀速率大，可靠指标仍比内腐蚀的大。

**表6.7　外腐蚀可靠指标计算结果**

| 标准 | $P(X > X_c)$ $= 0.01$ | $P(X > X_c)$ $= 0.05$ | $P(X > X_c)$ $= 0.10$ | $P(X > X_c)$ $= 0.20$ |
|---|---|---|---|---|
| B31G | 3.49 | 3.33 | 3.22 | 3.01 |
| 修正 B31G | 3.76 | 3.56 | 3.36 | 3.02 |
| Netto 等 | 3.61 | 3.51 | 3.41 | 3.16 |

## 6.7　本 章 小 结

　　本章提供了一种基于可靠性的管道腐蚀溢油概率的定量评估方法。整个评估方法中，腐蚀分别考虑内腐蚀与外腐蚀，内腐蚀采用模型模拟腐蚀速率，外腐蚀深度与长度考虑成服从威布尔分布的两个随机变量；管道溢油考虑两种失效模式，当管道运行压力超过管道所能承受的爆破压力或腐蚀缺陷深度超过规定的壁厚百分比时，均会发生溢油事故；在此基础上采用蒙特卡洛法对腐蚀情况下的管道溢油概率进行定量评估，最终计算出了不同情况下的可靠指标。

# 第7章 结论与展望

## 7.1 研究成果

本书的研究目的是建立一套完整的海底管道溢油风险评价系统，并能将它应用到工程实践中去，为工程实践作出指导预警，以便在风险水平较高之时能够及时做出相应的应对措施，对风险起到有效的防范作用。本书的主要内容包括风险分析的定性和定量方面，有以下几个内容：

（1）对海底管道溢油事故做出界定，并进行风险辨识，认为海底管道溢油事故的五大风险源为腐蚀、第三方破坏、疲劳、自然力和误操作。

（2）对海底管道溢油事故进行故障树分析，在此基础上应用模糊数学中的多级模糊综合评价法。对多级模糊综合评价方法进行了细致的介绍，对多级模糊综合评价的权重、模糊关系矩阵的确定进行了研究。针对我国实际海洋环境和管道运行状况，建立了海底管道溢油风险评价指标体系。由溢油可能性和溢油后果两个部分组成，针对每个部分，找出影响最大的相关因素，而忽略一些次要因素，并对每一个因素下的情况进行具体分析，找出了恰当的评价方式与等级分类方法。

（3）作为海底管道溢油评价体系后果指标中的重要一部分，对海底管道溢油量的计算进行了详细的研究。对溢油孔径、泄漏时间的确定提出了相关思路。考虑到输送介质的不同，溢油量计算方法也不尽相同。对于气液两相流体泄漏量的计算，运用到了黑油模型、流型判断、压降计算、气液两相流过油嘴的运动等多相流体力学知识。提出了综合溢油量的概念，本质是一个考虑各溢油源可能性的加权平均溢油量。

（4）对溢油可能性的定量研究进行了初探，仅仅针对腐蚀指标的溢油概率进行了研究，应用了 SwRI 内腐蚀深度速率模型，并将内腐蚀长度假设成服从 Weibull 分布的随机变量，而为了考虑外腐蚀的变异性，将外腐蚀深度与长度都考虑成服从 Weibull 分布的随机变量，运用 Matlab 编程计算得到失效概率。

## 7.2 本书主要创新点

本书主要创新点有：

（1）应用多级模糊综合评价法，建立了海底管道溢油风险评价体系。在其中，对一些难以评价的项目考虑最关键的因素根据情况打分，得到一个综合得分，再根据这个综合得分进行评判。

（2）在溢油后果指标溢油量一项中，引入综合溢油量的概念，将五大溢油风险源可能的溢油量按可能性进行加权平均。

（3）对未发生事故的管道进行溢油量的预测，根据风险源的不同假定泄漏孔径，根据泄漏孔径的不同假定泄漏时间。混输管线溢油量的计算中，压降按水平管道和倾斜管道分别计算压降。

（4）在管道腐蚀溢油概率的计算中，将外腐蚀的深度与长度同时考虑成服从 Weibull 分布的随机变量，从而计算溢油概率。

# 7.3　展　　望

由于本人研究能力有限，对海底管道在位稳性的分析有很多需要改进和提高的部分。

（1）尽管分情况计算了输油、输气、混输溢油量，但在后果指标体系中却并没有区分混输的影响，还可以建立恰当的体系考虑混输管线的溢油风险。

（2）仅仅根据风险源假定不同的泄漏孔径过于简单粗糙，实际还与管径、外界环境各种因素相关。管道数据库、管道事故数据库的建立会更加有助于管道风险评价的建立。

（3）由于专家数量的限制，运用多级模糊综合评价有很多地方需要专家意见，尤其是模糊矩阵的建立，因而限制了本书的评价准确性。并且对于定量风险方面的研究还不够深入。

# 附 录 A

## A.1 权重中最大特征值和特征向量的计算

```
%输出格式
format short;
%输入待求的矩阵A
A=[1 2;1/2 1];
[v，d]=eigs(A);
%最大特征值
tbmax=max(d(:));
%得到行数和列数
[m，n]=size(v);
%将特征向量标准化
sum = 0;
for i=1:m
    sum = sum + v(i，1);
end
tbvector = v(:，1);
for i=1:m
    tbvector(i，1)= v(i，1)/sum;
end
disp('========================================');
disp('输入的矩阵为：');
A
disp('所有的特征向量和特征值为：');
v
d
disp('最大的特征值为：');
tbmax
disp('最大的特征值对应的特征向量为（标准化后的）：');
tbvector
```
其中，矩阵**A**中的值为输入值。

## A.2 油品特性指标分类表

| 产品 | 毒性 | 可燃性 | 长期危害 |
|---|---|---|---|
| 苯 | C | D | D |
| 丁二烯 | C | E | E |
| 丁烷 | B | E | A |
| 一氧化碳 | C | E | A |
| 氯气 | D | A | D |
| 乙烷 | B | E | A |
| 乙醇 | A | D | B |
| 乙基苯 | C | D | B |
| 乙烯 | B | E | A |
| 乙二醇 | B | B | C |
| 燃料油(1~6号) | A | C | C |
| 汽油 | B | D | C |
| 氢 | A | E | A |
| 硫化氢 | D | E | C |
| 异丁烷 | B | E | A |
| 异戊烷 | B | E | C |
| 航空煤油B | B | D | C |
| 航空煤油A&A1 | A | C | C |
| 煤油 | A | C | C |
| 甲烷 | B | E | A |
| 矿物油 | A | B | C |
| 萘 | C | C | C |
| 氮 | A | A | A |
| 原油 | B | D | C |
| 丙烷 | B | E | B |
| 丙烯 | B | E | A |
| 甲苯 | C | D | B |
| 氯乙烯 | C | E | E |
| 水 | A | A | A |

# A.3  海底管道溢油可能性指标权重值

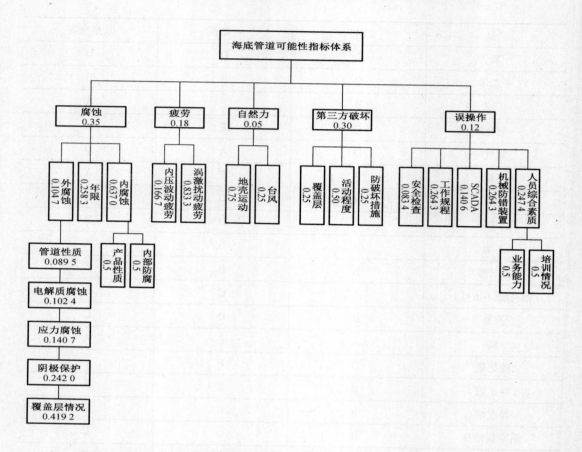

注：涡激振动下，当管道检测有悬跨时，悬跨长权重为0.666 7，缓解措施权重为
0.333 3。

## A.4　海底管道溢油后果指标权重值

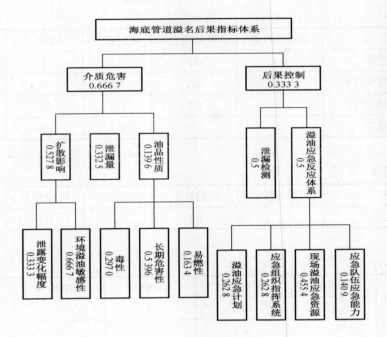

## A.5　海底管道溢油可能性指标隶属度

管道性质:

| 分类 | 可能性极小 | 可能性小 | 可能性中 | 可能性大 | 可能性极大 |
|---|---|---|---|---|---|
| 海洋柔性管 | 0.7 | 0.2 | 0.1 | 0 | 0 |
| 纤维缠绕增强复合管 | 0.7 | 0.1 | 0.2 | 0 | 0 |
| 普通双层钢管 | 0 | 0.2 | 0.6 | 0.2 | 0 |
| 单层保温管 | 0 | 0 | 0.2 | 0.4 | 0.4 |

电解质腐蚀:

| 分类 | 可能性极小 | 可能性小 | 可能性中 | 可能性大 | 可能性极大 |
|---|---|---|---|---|---|
| 腐蚀性强 | 0 | 0.1 | 0.2 | 0.5 | 0.2 |

应力腐蚀:

| 分类 | 可能性极小 | 可能性小 | 可能性中 | 可能性大 | 可能性极大 |
|---|---|---|---|---|---|
| A | 0.8 | 0.2 | 0 | 0 | 0 |
| B | 0.2 | 0.6 | 0.2 | 0 | 0 |
| C | 0 | 0.2 | 0.6 | 0.2 | 0 |
| D | 0 | 0 | 0.2 | 0.6 | 0.2 |
| E | 0 | 0 | 0.1 | 0.3 | 0.6 |

阴极保护:

| 分类 | 可能性极小 | 可能性小 | 可能性中 | 可能性大 | 可能性极大 |
|---|---|---|---|---|---|
| A | 0.8 | 0.2 | 0 | 0 | 0 |
| B | 0.2 | 0.7 | 0.1 | 0 | 0 |
| C | 0 | 0.3 | 0.4 | 0.1 | 0 |
| D | 0 | 0 | 0.2 | 0.2 | 0.6 |

覆盖层情况:

| 分类 | 可能性极小 | 可能性小 | 可能性中 | 可能性大 | 可能性极大 |
|---|---|---|---|---|---|
| A | 0.8 | 0.2 | 0 | 0 | 0 |
| B | 0.2 | 0.6 | 0.2 | 0 | 0 |
| C | 0 | 0.2 | 0.6 | 0 | 0 |
| D | 0 | 0 | 0.2 | 0.2 | 0.6 |

产品性质：

| 分类 | 可能性极小 | 可能性小 | 可能性中 | 可能性大 | 可能性极大 |
|---|---|---|---|---|---|
| A | 0.8 | 0.2 | 0 | 0 | 0 |
| B | 0.2 | 0.6 | 0.2 | 0 | 0 |
| C | 0 | 0.2 | 0.6 | 0.2 | 0 |
| D | 0 | 0 | 0.2 | 0.2 | 0.6 |

内部防腐：

| 分类 | 可能性极小 | 可能性小 | 可能性中 | 可能性大 | 可能性极大 |
|---|---|---|---|---|---|
| A | 0.8 | 0.2 | 0 | 0 | 0 |
| B | 0 | 0.6 | 0.4 | 0 | 0 |
| C | 0 | 0.2 | 0.6 | 0 | 0 |
| D | 0 | 0 | 0.4 | 0.4 | 0.2 |
| E | 0 | 0 | 0 | 0.3 | 0.7 |

腐蚀年限：

| 分类 | 可能性极小 | 可能性小 | 可能性中 | 可能性大 | 可能性极大 |
|---|---|---|---|---|---|
| A | 0.7 | 0.3 | 0 | 0 | 0 |
| B | 0.2 | 0.6 | 0.2 | 0 | 0 |
| C | 0 | 0.2 | 0.6 | 0.2 | 0 |
| D | 0 | 0 | 0.2 | 0.6 | 0.2 |
| E | 0 | 0 | 0 | 0.3 | 0.7 |

内压波动疲劳：

| 分类 | 可能性极小 | 可能性小 | 可能性中 | 可能性大 | 可能性极大 |
|---|---|---|---|---|---|
| A | 0.7 | 0.3 | 0 | 0 | 0 |
| B | 0.2 | 0.6 | 0.2 | 0 | 0 |
| C | 0 | 0.4 | 0.4 | 0.2 | 0 |
| D | 0 | 0 | 0.4 | 0.4 | 0.2 |
| E | 0 | 0 | 0.3 | 0.6 | 0.1 |
| F | 0 | 0 | 0 | 0.2 | 0.8 |

涡激振动疲劳年限:

| 分类 | 可能性极小 | 可能性小 | 可能性中 | 可能性大 | 可能性极大 |
|------|-----------|---------|---------|---------|-----------|
| A | 0.8 | 0.2 | 0 | 0 | 0 |
| B | 0.2 | 0.6 | 0.2 | 0 | 0 |
| C | 0 | 0.2 | 0.6 | 0.2 | 0 |
| D | 0 | 0 | 0.4 | 0.4 | 0.2 |
| E | 0 | 0 | 0 | 0.2 | 0.8 |

悬空程度:

| 分类 | 可能性极小 | 可能性小 | 可能性中 | 可能性大 | 可能性极大 |
|------|-----------|---------|---------|---------|-----------|
| A | 0.9 | 0.1 | 0 | 0 | 0 |
| B | 0.2 | 0.6 | 0.2 | 0 | 0 |
| C | 0 | 0.4 | 0.6 | 0 | 0 |
| D | 0 | 0 | 0.2 | 0.6 | 0.2 |
| E | 0 | 0 | 0 | 0.2 | 0.8 |

缓解措施:

| 分类 | 可能性极小 | 可能性小 | 可能性中 | 可能性大 | 可能性极大 |
|------|-----------|---------|---------|---------|-----------|
| A | 0.9 | 0.1 | 0 | 0 | 0 |
| B | 0.2 | 0.6 | 0.2 | 0 | 0 |
| C | 0 | 0.3 | 0.5 | 0.2 | 0 |
| D | 0 | 0 | 0.2 | 0.6 | 0.2 |
| E | 0 | 0 | 0 | 0.2 | 0.8 |

地壳运动:

| 分类 | 可能性极小 | 可能性小 | 可能性中 | 可能性大 | 可能性极大 |
|------|-----------|---------|---------|---------|-----------|
| A | 0.8 | 0.2 | 0 | 0 | 0 |
| B | 0.2 | 0.6 | 0.2 | 0 | 0 |
| C | 0 | 0.2 | 0.6 | 0.2 | 0 |
| D | 0 | 0 | 0 | 0.3 | 0.7 |

台风：

| 分类 | 可能性极小 | 可能性小 | 可能性中 | 可能性大 | 可能性极大 |
|------|-----------|---------|---------|---------|-----------|
| A | 0.8 | 0.2 | 0 | 0 | 0 |
| B | 0.2 | 0.6 | 0.2 | 0 | 0 |
| C | 0 | 0.2 | 0.6 | 0.2 | 0 |
| D | 0 | 0 | 0 | 0.2 | 0.8 |

安全检查：

| 分类 | 可能性极小 | 可能性小 | 可能性中 | 可能性大 | 可能性极大 |
|------|-----------|---------|---------|---------|-----------|
| A | 0.8 | 0.2 | 0 | 0 | 0 |
| B | 0.2 | 0.6 | 0.2 | 0 | 0 |
| C | 0 | 0.4 | 0.4 | 0.2 | 0 |
| D | 0 | 0 | 0.2 | 0.3 | 0.5 |

工作规程：

| 分类 | 可能性极小 | 可能性小 | 可能性中 | 可能性大 | 可能性极大 |
|------|-----------|---------|---------|---------|-----------|
| A | 0.8 | 0.2 | 0 | 0 | 0 |
| B | 0.2 | 0.6 | 0.2 | 0 | 0 |
| C | 0 | 0.2 | 0.6 | 0.2 | 0 |
| D | 0 | 0 | 0.2 | 0.6 | 0.2 |
| E | 0 | 0 | 0 | 0.2 | 0.8 |

SCADA：

| 分类 | 可能性极小 | 可能性小 | 可能性中 | 可能性大 | 可能性极大 |
|------|-----------|---------|---------|---------|-----------|
| A | 0.8 | 0.2 | 0 | 0 | 0 |
| B | 0.2 | 0.6 | 0.2 | 0 | 0 |
| C | 0 | 0.2 | 0.6 | 0.2 | 0 |
| D | 0 | 0 | 0.2 | 0.6 | 0.2 |
| E | 0 | 0 | 0 | 0.3 | 0.7 |

机械防错装置：

| 分类 | 可能性极小 | 可能性小 | 可能性中 | 可能性大 | 可能性极大 |
|------|-----------|---------|---------|---------|-----------|
| A | 0.8 | 0.2 | 0 | 0 | 0 |
| B | 0.2 | 0.6 | 0.2 | 0 | 0 |
| C | 0 | 0.2 | 0.6 | 0.2 | 0 |
| D | 0 | 0 | 0 | 0.2 | 0.8 |

业务能力：

| 分类 | 可能性极小 | 可能性小 | 可能性中 | 可能性大 | 可能性极大 |
|------|-----------|---------|---------|---------|-----------|
| A | 0.8 | 0.2 | 0 | 0 | 0 |
| B | 0.2 | 0.6 | 0.2 | 0 | 0 |
| C | 0 | 0.2 | 0.6 | 0.2 | 0 |
| D | 0 | 0 | 0.2 | 0.2 | 0.6 |

培训情况：

| 分类 | 可能性极小 | 可能性小 | 可能性中 | 可能性大 | 可能性极大 |
|------|-----------|---------|---------|---------|-----------|
| A | 0.8 | 0.2 | 0 | 0 | 0 |
| B | 0.2 | 0.6 | 0.2 | 0 | 0 |
| C | 0 | 0.2 | 0.6 | 0.2 | 0 |
| D | 0 | 0 | 0.2 | 0.2 | 0.6 |

覆盖层：

| 分类 | 可能性极小 | 可能性小 | 可能性中 | 可能性大 | 可能性极大 |
|------|-----------|---------|---------|---------|-----------|
| A | 0.8 | 0.2 | 0 | 0 | 0 |
| B | 0 | 0.4 | 0.6 | 0 | 0 |
| C | 0 | 0.2 | 0.2 | 0.6 | 0 |
| D | 0 | 0 | 0 | 0.2 | 0.8 |

活动程度：

| 分类 | 可能性极小 | 可能性小 | 可能性中 | 可能性大 | 可能性极大 |
|------|-----------|---------|---------|---------|-----------|
| A | 0.8 | 0.2 | 0 | 0 | 0 |
| B | 0 | 0.4 | 0.6 | 0 | 0 |
| C | 0 | 0 | 0.4 | 0.6 | 0 |
| D | 0 | 0 | 0 | 0.2 | 0.8 |

防破坏措施：

| 分类 | 可能性极小 | 可能性小 | 可能性中 | 可能性大 | 可能性极大 |
|------|-----------|---------|---------|---------|-----------|
| A | 0.8 | 0.2 | 0 | 0 | 0 |
| B | 0.2 | 0.6 | 0.2 | 0 | 0 |
| C | 0 | 0.2 | 0.6 | 0.2 | 0 |
| D | 0 | 0 | 0.2 | 0.2 | 0.6 |

# A.6 海底管道溢油后果指标隶属度

液体泄漏变化幅度：

| 分类 | 后果极轻 | 后果较轻 | 后果中等 | 后果较重 | 后果极重 |
|---|---|---|---|---|---|
| A | 0.6 | 0.4 | 0 | 0 | 0 |
| B | 0 | 0.2 | 0.6 | 0.2 | 0 |
| C | 0 | 0 | 0 | 0.4 | 0.6 |

液体泄漏环境溢油敏感性：

| 分类 | 后果极轻 | 后果较轻 | 后果中等 | 后果较重 | 后果极重 |
|---|---|---|---|---|---|
| A | 0.4 | 0.6 | 0 | 0 | 0 |
| B | 0 | 0.4 | 0.4 | 0.2 | 0 |
| C | 0 | 0 | 0.2 | 0.6 | 0.2 |
| D | 0 | 0 | 0 | 0.1 | 0.9 |

气体泄漏扩散影响：

| 分类 | 后果极轻 | 后果较轻 | 后果中等 | 后果较重 | 后果极重 |
|---|---|---|---|---|---|
| A | 0.8 | 0.2 | 0 | 0 | 0 |
| B | 0.2 | 0.6 | 0.2 | 0 | 0 |
| C | 0 | 0.4 | 0.4 | 0.2 | 0 |
| D | 0 | 0 | 0.4 | 0.4 | 0.2 |
| E | 0 | 0 | 0 | 0.4 | 0.6 |

毒性：

| 分类 | 后果极轻 | 后果较轻 | 后果中等 | 后果较重 | 后果极重 |
|---|---|---|---|---|---|
| A | 0.9 | 0.1 | 0 | 0 | 0 |
| B | 0.1 | 0.7 | 0.2 | 0 | 0 |
| C | 0 | 0.1 | 0.6 | 0.3 | 0 |
| D | 0 | 0 | 0.1 | 0.6 | 0.1 |
| E | 0 | 0 | 0 | 0.1 | 0.9 |

易燃性：

| 分类 | 后果极轻 | 后果较轻 | 后果中等 | 后果较重 | 后果极重 |
|---|---|---|---|---|---|
| A | 0.9 | 0.1 | 0 | 0 | 0 |
| B | 0.2 | 0.6 | 0.2 | 0 | 0 |
| C | 0 | 0.2 | 0.6 | 0.2 | 0 |
| D | 0 | 0 | 0.2 | 0.6 | 0.2 |
| E | 0 | 0 | 0 | 0.2 | 0.8 |

长期危害性：

| 分类 | 后果极轻 | 后果较轻 | 后果中等 | 后果较重 | 后果极重 |
|---|---|---|---|---|---|
| A | 0.8 | 0.2 | 0 | 0 | 0 |
| B | 0.2 | 0.6 | 0.2 | 0 | 0 |
| C | 0 | 0.2 | 0.6 | 0.2 | 0 |
| D | 0 | 0 | 0.2 | 0.6 | 0.2 |
| E | 0 | 0 | 0 | 0.2 | 0.8 |

泄漏检测灵敏性：

| 分类 | 后果极轻 | 后果较轻 | 后果中等 | 后果较重 | 后果极重 |
|---|---|---|---|---|---|
| A | 0.6 | 0.4 | 0 | 0 | 0 |
| B | 0 | 0.4 | 0.4 | 0.2 | 0 |
| C | 0 | 0 | 0 | 0.4 | 0.6 |

泄漏检测定位精度

| 分类 | 后果极轻 | 后果较轻 | 后果中等 | 后果较重 | 后果极重 |
|---|---|---|---|---|---|
| A | 0.6 | 0.4 | 0 | 0 | 0 |
| B | 0 | 0.6 | 0.4 | 0 | 0 |
| C | 0 | 0 | 0.6 | 0.4 | 0 |
| D | 0 | 0 | 0 | 0.4 | 0.6 |

泄漏检测响应时间：

| 分类 | 后果极轻 | 后果较轻 | 后果中等 | 后果较重 | 后果极重 |
|---|---|---|---|---|---|
| A | 0.6 | 0.4 | 0 | 0 | 0 |
| B | 0 | 0.6 | 0.4 | 0 | 0 |
| C | 0 | 0 | 0.6 | 0.4 | 0 |
| D | 0 | 0 | 0 | 0.4 | 0.6 |

油污应急计划：

| 分类 | 后果极轻 | 后果较轻 | 后果中等 | 后果较重 | 后果极重 |
|---|---|---|---|---|---|
| A | 0.8 | 0.2 | 0 | 0 | 0 |
| B | 0.2 | 0.4 | 0.4 | 0 | 0 |
| C | 0 | 0.2 | 0.4 | 0.4 | 0 |
| D | 0 | 0 | 0 | 0.4 | 0.6 |

应急组织指挥系统：

| 分类 | 后果极轻 | 后果较轻 | 后果中等 | 后果较重 | 后果极重 |
|------|---------|---------|---------|---------|---------|
| A | 0.8 | 0.2 | 0 | 0 | 0 |
| B | 0.2 | 0.4 | 0.4 | 0 | 0 |
| C | 0 | 0..2 | 0.4 | 0.4 | 0 |
| D | 0 | 0 | 0 | 0.4 | 0.6 |

现场溢油应急资源：

| 分类 | 后果极轻 | 后果较轻 | 后果中等 | 后果较重 | 后果极重 |
|------|---------|---------|---------|---------|---------|
| A | 0.8 | 0.2 | 0 | 0 | 0 |
| B | 0 | 0.6 | 0.4 | 0 | 0 |
| C | 0 | 0.2 | 0.4 | 0.4 | 0 |
| D | 0 | 0 | 0 | 0.4 | 0.6 |

油污应急队伍应急能力：

| 分类 | 后果极轻 | 后果较轻 | 后果中等 | 后果较重 | 后果极重 |
|------|---------|---------|---------|---------|---------|
| A | 0.8 | 0.2 | 0 | 0 | 0 |
| B | 0 | 0.6 | 0.4 | 0 | 0 |
| C | 0 | 0.2 | 0.4 | 0.4 | 0 |
| D | 0 | 0 | 0 | 0.4 | 0.6 |

# 参 考 文 献

[1] 张凤成.中国海洋石油和天然气产业发展战略研究[J].国土与自然资源研究,2007(1): 4-13.

[2] 金伟良,张恩勇,邵剑文,等.海底管道失效原因分析及其对策[J].科技通报,2004,20 (6): 33-529.

[3] 敏智,王乃和.海底管道溢油防控措施[J].油气储运,2008,27(7): 7-34.

[4] 方娜,陈国明,朱红卫,等.海底管道泄漏事故统计分析[J].油气储运,2014,99-103.

[5] 高照杰,粟京,贾旭,等.带损伤海底石油管线的安全评估[J].海洋工程,2003,21(1): 9-53.

[6] 易云兵,姚安林,姚林,等.油气管道风险评价技术概述[J].天然气与石油,2005,23(3): 9-16.

[7] 张范辉.油气长输管道风险评价研究[D].青岛:中国海洋大学,2008.

[8] COULSEN K, WORTHINGHAM R.New guidelines promise more accurate damage assessment[J].Oil and Gas Journal,1990,88(16).

[9] 谢云杰.海底油气管道系统风险评价技术研究[D].成都:西南石油大学,2007.

[10] 黄维和.油气管道风险管理技术的研究及应用[J].油气储运,2001,20(10): 1-10.

[11] 潘家华.油气管道的风险分析(续完)[J].油气储运,1995(5): 3-10.

[12] 陈利琼,张鹏,马剑林,等.油气管道风险的模糊综合评价方法探讨[J].天然气工业, 2003,23(2): 8-117.

[13] 陈利琼.在役油气长输管线定量风险技术研究[D].成都:西南石油学院,2004.

[14] 张平生.油气输送管线的风险管理与基于风险的检测[C].第三次全国机电装备失效分析预测预防战略研讨会,1998.

[15] 陈春梅,朱秀文,刘江南.FMEA在项目风险管理中的应用研究[J].河北建筑科技学院学报:自然科学版,2004,21(3): 83-7.

[16] 丁鹏.海底管线安全可靠性及风险评价技术研究[D]; 中国石油大学,2008.

[17] 董玉华,余大涛,高惠临,等.油气管道的故障树分析[J].油气储运,2002,21(6): 15-7.

[18] 余敏,段绍平.可靠性风险分析方法[J].广西机械,2000(3): 3-7.

[19] 张鹏,段永红.长输管线风险技术的研究[J].天然气工业,1998(5): 6-72.

[20] 刘楚,王佐强,韩长安.海底管道事故类型及维修方法综述[J].中国石油和化工标准与质量,2012,33(15): 5-254.

[21] 王诗鹏.海底管道腐蚀缺陷修复评估方案的确定[J].油气储运,2011,30(12): 50-949.

[22] 李旭东,雍岐卫.长输油气管道的风险评估与作用[J].天然气与石油,1997(3): 1-3.

[23] 吕妍,吕立功,魏文普,等.海底油气管道溢油风险评价和风险管理[J].中国造船,2012 (2): 7-452.

[24] 顾祥柏.石油化工安全分析方法及应用[M].化学工业出版社,2001.

[25] ZADEH L A.Fuzzy sets[J].Information and control,1965,8(3): 53–338.

[26] 李鸿吉.模糊数学基础及实用算法[M].科学出版社,2005.

[27] 张扬.模糊综合评价技术在城市天然气管网运行风险评价中的应用[D].武汉:华中科技大学,2006.

[28] 胡永宏.综合评价方法[M].科学出版社,2000.

[29] 李洪兴.工程模糊数学方法及应用[M].天津科学技术出版社,1993.

[30] 汪培庄.模糊集合论及其应用[M].上海科学技术出版社,1983.

[31] 王宗军.面向复杂对象系统的多人多层次多目标综合评价问题的形式化研究[J].系统工程学报,1996(1): 1–9.

[32] 张兴芳,管恩瑞,孟广武.区间值模糊综合评判及其应用[J].系统工程理论与实践,2004,21(12): 4–81.

[33] 王季方,卢正鼎.模糊控制中隶属度函数的确定方法[J].河南科学,2004,18(4): 51–348.

[34] 杨晓明,陈明文.海水对金属腐蚀因素的分析及预测[J].北京科技大学学报,1999(2): 7–185.

[35] 潘卫军.埋地管道材料的$H_2S$应力腐蚀研究[D].南京:南京工业大学,2004.

[36] 陈静,贺三,袁宗明,等.管线钢应力腐蚀开裂[J].管道技术与设备,2009(1): 6–45.

[37] 闫茂成,翁永基.埋地钢质管道应力腐蚀开裂特征和影响因素[J].石油工程建设,2005(2): 6–9.

[38] 王国兴.海底管线管跨结构涡致耦合振动的数值模拟与实验研究[D].青岛:中国海洋大学,2006.

[39] 布莱文斯.流体诱发振动[M].机械工业出版社,1983.

[40] 陈博文,孙丽,谷凡.海底管道最大允许悬跨长度计算[J].防灾减灾工程学报,2010,30(S1): 291–3.

[41] 谷凡,周晶,黄承逵,等.海底管线局部冲刷机理研究综述[J].海洋通报,2009,28(5): 110–20.

[42] 杨港生,赵根模,邱虎.中国海洋地震灾害研究进展[J].海洋通报,2000,19(4): 74–85.

[43] 汪晶.风险评价技术的原理与进展[J].环境科学,1998(2).

[44] 殷洁,戴尔阜,吴绍洪.中国台风灾害综合风险评估与区划[J].地理科学,2013(11): 6–1370.

[45] 赵宗慈,江滢.热带气旋与台风气候变化研究进展[J].科技导报,2010,28(15): 88–96.

[46] 贺国兵.SCADA系统在石油传输管道中的应用[J].甘肃科技,2011,27(12): 18–20.

[47] 刘洪彬.长输油气管道SCADA系统应用与研究[D].厦门:厦门大学,2013.

[48] 牟林.海洋溢油污染应急技术[M].科学出版社,2011.

[49] 陈伟建,黄志球.我国海域溢油应急反应体系的现状分析与对策[J].航海技术,2012(2): 5–63.

[50] FINGAS M F.A literature review of the physics and predictive modelling of oil spill evaporation[J].Journal of Hazardous Materials,1995,42(2): 157–75.

[51] 吴晓丹,宋金明,李学刚,等.海洋溢油油膜厚度影响因素理论模型的构建[J].海洋科学,2010,34(2): 68–74.

[52] 关世钧,王学峰.连续点源泄漏事故的数学模型研究[J].消防科学与技术,2004,23(4): 6-313.

[53] COCHRAN T.Calculate pipeline flow of compressible fluids[J].Chemical Engineering,1996, 103(2).

[54] CATLIN C,LEA C,BILO M,et al.Computational fluid dynamic modelling of natural gas releases from high-pressure pipelines subject to guillotine,tear,or puncture failures[J]. Pipes & pipelines international,1998,43(6): 12-27.

[55] 董玉华,周敬恩,高惠临,等.长输管道稳态气体泄漏率的计算[J].油气储运,2002,21 (8): 11-5.

[56] 冯云飞,吴明,闫明龙,等.燃气管道泄漏模型的研究进展[J].当代化工,2011,(12): 1255-7.

[57] 霍春勇,董玉华,余大涛,等.长输管线气体泄漏率的计算方法研究[J].石油学报,2004, 25(1): 101-5.

[58] 王兆芹.高压输气管道泄漏模型研究及后果影响区域分析[D].北京:中国地质大学, 2009.

[59] LEVENSPIEL O.Engineering Flow and Heat Exchange[M].New York:Plenum Press,1984.

[60] MONTIEL H,VíLCHEZ J A,CASAL J,et al.Mathematical modelling of accidental gas releases[J].Journal of Hazardous Materials,1998,59(2‐3): 33-211.

[61] 王兆芹,冯文兴,李在蓉,等.高压输气管道泄漏模型[J].油气储运,2009,28(12): 28-30.

[62] 郭揆常.多相流技术在海洋油气管道输送中的应用[J].油气储运,1998(4): 1-5.

[63] 韩炜.管道气液两相流动技术研究[D].成都:西南石油学院,2004.

[64] 刘武,张鹏,程富娟,等.一组油气两相管流水力学模型的评估与优选[J].管道技术与设备,2003(2): 1-3.

[65] INSTITUTE A N S.Manual for Determining the Remaining Strength of Corroded Pipelines: A Supplement to ASME B31 Code for Pressure Piping[M].American Society of Mechanical Engineers,1991.

[66] ENGINEERS A S O M.Manual for Determining the Remaining Strength of Corroded Pipelines: Supplement to ASME B31 Code for Pressure Piping[M].American Society of Mechanical Engineers,2009.

[67] VERITAS D N.Recommended Practice DNV-RP-F101 Corroded Pipelines[J].Hovik,Norway,2004,11.

[68] DITLEVSEN O.Reliability against fracture of butt welds as inferred from inspection data[J]. Engineering Fracture Mechanics,1981,14(4): 24-713.

[69] 刘永寿,王文,冯震宙,等.腐蚀管道的剩余强度与可靠性分析[J].强度与环境,2008,35 (3): 7-52.

[70] KALE A,THACKER B H,SRIDHAR N,et al.A Probabilistic Model for Internal Corrosion of Gas Pipelines[J].American Society of Mechanical Engineers,2004,45-2437.

[71] SOUTHWELL C,BULTMAN J,ALEXANDER A.Corrosion of metals in tropical environments.Final report of 16-year exposures[J].Materials Performance (MP),1976,15(7).

[72] 夏雪.腐蚀海底管道的可靠性评估[D].哈尔滨:哈尔滨工程大学,2009.

[73] KIEFNER J,MAXEY W,EIBER R,et al.Failure stress levels of flaws in pressurized cylinders[J].ASTM special technical publication,1973(536): 81-461.

[74] NETTO T,FERRAZ U,ESTEFEN S.The effect of corrosion defects on the burst pressure of pipelines[J].Journal of constructional steel research,2005,61(8): 1185-204.

[75] GULVANESSIAN.EN1990 Eurocode?Basis of structural design[J].Civil Engineering,2001, 144(144): 8-13.

[76] 周延东.我国海底管道的发展状况与前景[J].焊管,1998(4):46-48.

[77] Griffin B,Zelensky M.Basics of risk analysis[C]//Assessment and Management.Banff/95 Pipeline Workshop.1995.

[78] 潘家华.油气管道的风险分析 (待续)[J].油气储运,1995,14(3): 11-15.

[79] 章国栋.系统可靠性与维修性的分析与设计[M].北京:北京航空航天大学出版社,1990.

[80] 匡永泰,高维民.石油化工安全评价技术[M].北京:中国石化出版社,2005.

[81] Muhlbauer W K,米尔鲍尔,嘉瑜,等.管道风险管理手册[M].北京:中国石化出版社, 2005.

[82] 陈家琅,陈涛平.石油气液两相管流[M].北京:石油工业出版社,2010.

[83] 李长俊,贾文龙.油气管道多相流[M].北京:化学工业出版社, 2014.

[72] 艾智勇. 海底油气管道时变社会可靠[D]. 天津: 天津大学, 2005.

[73] KIEFNER J, MAXEY W, EIBER R, et al. Failure stress levels of flaws in pressurized cylinders[J]. ASTM special technical publication. 1973(536): 81-461.

[74] NETTO T, FERRAZ U, ESTEFEN S. The effect of corrosion defects on the burst pressure of pipelines[J]. Journal of constructional steel research. 2005, 61(8): 1185-204.

[75] GULVANESSIAN, EN1990 Eurocode: Basis of structural design[J]. Civil Engineering, 2001, 144(4): 8-13.

[76] 周亚东. 美国油气管道的泄漏探测现状及其前景[J]. 油气储运, 1998(4): 46-48.

[77] Griffin D, Zelensky M. Basics of risk analysis[C]// Assessment and Management Banff 95 Pipe-line Workshop. 1995.

[78] 潘家华. 油气管道风险分析(待续)[J]. 油气储运. 1995, 14(3): 11-15.

[79] 韩国军. 系统可靠性理论及其应用[M]. 北京: 北京航空航天大学出版社, 1999.

[80] 王永泉. 石油化工设备腐蚀与防护[M]. 北京: 中国石化出版社, 2005.

[81] Muhlbauer W K. 米尔鲍尔. 管道风险管理手册[M]. 北京: 中国石化出版社, 2005.

[82] 陈家庆. 石油与天然气储运工程[M]. 北京: 石油工业出版社, 2010.

[83] 李长俊, 贾文龙. 油气管道运营和输配[M]. 北京: 石油工业出版社, 2014.